高校专利申请前评估方案探索与实践

甘友斌　彭玲玲　张　驰　著

武汉理工大学出版社
·武汉·

图书在版编目(CIP)数据

高校专利申请前评估方案探索与实践/甘友斌,彭玲玲,张驰著.—武汉:武汉理工大学出版社,2022.6
ISBN 978-7-5629-6588-6

Ⅰ.①高… Ⅱ.①甘… ②彭… ③张… Ⅲ.①高等学校-专利申请-方案-评估 Ⅳ.①G306.3

中国版本图书馆 CIP 数据核字(2022)第 078540 号

项目负责人:吴正刚	责 任 编 辑:楼燕芳
责 任 校 对:张明华	排 版:芳华时代

出 版 发 行:武汉理工大学出版社
社　　　　址:武汉市洪山区珞狮路 122 号
邮　　　　编:430070
网　　　　址:http://www.wutp.com.cn
经　　　　销:各地新华书店
印　　　　刷:武汉市金港彩印有限公司
开　　　　本:787×1092　1/16
印　　　　张:10
字　　　　数:168 千字
版　　　　次:2022 年 6 月第 1 版
印　　　　次:2022 年 6 月第 1 次印刷
定　　　　价:89.00 元

凡购本书,如有缺页、倒页、脱页等印装质量问题,请向出版社发行部调换。
本社购书热线电话:027-87384729　87391631　87165708(传真)

·版权所有　盗版必究·

前　言

作为实施创新驱动发展战略和国家科技创新体系建设的重要一环,高校肩负着技术创新、技术驱动的职责。专利是科技领域最重要的知识产权,也是高校科研成果的主要形式之一。高校作为发明创造的重要阵地,拥有相当比例的专利申请量和授权量,但大部分专利仍处于简单维护管理的状态,对专利运营工作开展得较少,专利转化率整体偏低。高校专利实现转移转化,不仅是高校研发实力、服务社会功能的具体体现,更是推动区域产学研协同创新,促进技术、产业、资本三链融合发展,拉动地区产业发展、经济增长的重要引擎和动力源。随着对高校专利转移转化的重视,如何提升高校专利质量已成为专利工作者的重要研究课题。目前,高校知识产权管理机构已经逐步开始注重对已有专利的开发和转化,但实际上,一件专利能否实现转化,或产生多大的转化效益,这在专利申请之初或者技术研发开始时就应该加以考虑,即开展专利申请前评估。

专利是对科技成果和智力产品的保护,专利能否实现转化与专利本身的质量密切相关,只有加强专利申请前评估,制定有针对性的申请策略,从源头上把好专利质量关,作为技术载体的专利才有稳固的基础,同时,技术上的比较优势也初步决定了专利保护的范围和方向。高校专利申请前的评估,对于高校专利质量把控及后续的转化实施都具有重要意义。

该书是国家知识产权局专利局专利信息服务科研创新项目"高校专利申请前评估方案建立与实践"的重要研究成果。该项目由华中科技大学知识产权信息服务中心牵头,联合国家知识产权局专利局湖北审查协作中心、福州大学、华南农业大学、上海海事大学、深圳大学、厦门大学、武汉工程大学、中国农业大学等高校知识产权信息服务中心,以及北京墨进知识产权服务有限公司、北京智权容创咨询服务有限公司、广州恒成智道信息科技有限公司等业内知识产权服务机构,共同开展研究并完成本书的编写。项目组走访调研了广东、上海等地区高校专利申请前评估的工作状况,收集整理了最近十余年国内外相关文献,分析了美、日、欧盟部分高校的经验与做法,总结了国内已开展专利申请前评估工作的相关方法与举措。在此基础上,围绕高校专利申请前评估为什么做、做什么、如何做等问题进行了深入研究,目的是在确定高校专利申请前评估原则、评估对象、评估内容、评估制度、评估指标及评估方法的基础上,探讨高校专利申请前评估工作的实施与推广,最终建立一套可操作的高校专利申请前评估方案。总体来说,项目综合采用了文献调研、实地考察、对比研究、实证研究、经验总结、定性与定量相结合等研究方法。

在本书的编写过程中,项目负责人甘友斌参与各部分讨论并提供研究思路与建议,承担书稿总审的任务,张驰为项目组组长,彭玲玲为统稿人。具体章节分工如下:

第一章由彭玲玲、朱丽君共同撰写;第二章由刘钿撰写第一节,彭玲玲撰写第二节、第四节,刘亚娟撰写第三节;第三章由张弦撰写第一节、第二节、第三节,彭玲玲撰写第四节,陈振标撰写第五节;第四章由周群撰写第一节,孙会军撰写第二节,刘倩秀撰写第三节,彭玲玲撰写第四节,高绍钦撰写第五节,庞弘燊、岳建涛、邢贞方参与了各节的撰写;第五章由刘钿、罗畅、罗强、彭玲玲共同撰写;第六章由刘钿、罗畅、罗强、彭玲玲、刘亚娟共同撰写;第七章由陆亦恺撰写第一节,张驰撰写第二节,刘亚娟撰写第三节,张善杰撰写第四节;附录一由彭玲玲、刘亚娟撰写;附录二由高绍钦撰写;后记由甘友斌撰写。

本书的编写得到了国家知识产权局专利局文献部的全程指导与帮助,在此深表感谢!本书的编写还得到了张柏秋教授、刘琼副研究馆员、王峻岭女士的大力支持,特此致谢!

本书在编写过程中参阅和引用了国内外许多专家学者的论著与研究成果,未能一一列出,敬希见谅,并谨表谢忱。

由于时间紧迫,能力及水平有限,疏漏之处在所难免,敬祈专家学者及知识产权工作者批评指教。期待能为我国高校专利申请前评估工作做一点微薄的贡献。

作 者

2022 年 1 月

目 录

1 绪论 …………………………………………………………………………………… (1)
  1.1 研究背景 …………………………………………………………………………… (1)
    1.1.1 中国对知识产权的重视度加强 …………………………………………… (1)
    1.1.2 中国高校专利质量亟待提高 ……………………………………………… (2)
    1.1.3 中国高校专利申请前评估相关政策陆续出台 …………………………… (3)
  1.2 高校专利申请前评估的意义 ……………………………………………………… (5)

2 高校专利申请前评估概况 …………………………………………………………… (7)
  2.1 中国高校专利现状分析 …………………………………………………………… (7)
    2.1.1 专利申请与授权 …………………………………………………………… (7)
    2.1.2 专利维持与运用 …………………………………………………………… (8)
  2.2 中国高校专利申请前评估现状 …………………………………………………… (9)
    2.2.1 高校专利申请前评估概况 ………………………………………………… (9)
    2.2.2 现行高校专利申请前评估的内容 ………………………………………… (11)
    2.2.3 目前高校专利申请前评估的方法 ………………………………………… (13)
    2.2.4 当前高校开展专利申请前评估的效果 …………………………………… (16)
  2.3 国外高校专利申请前评估现状 …………………………………………………… (18)
    2.3.1 国外高校技术许可机构概述 ……………………………………………… (18)
    2.3.2 国外高校发明披露 ………………………………………………………… (22)
    2.3.3 国外高校专利申请前评估 ………………………………………………… (23)
    2.3.4 小结 ………………………………………………………………………… (24)
  2.4 中国高校专利申请前评估的难点 ………………………………………………… (25)
    2.4.1 评估体系建立不易 ………………………………………………………… (25)
    2.4.2 评估客体数量大 …………………………………………………………… (26)
    2.4.3 评估对象多学科、多领域 ………………………………………………… (27)
    2.4.4 评估标准与方法难确定 …………………………………………………… (29)
    2.4.5 评估人才缺乏 ……………………………………………………………… (30)
    2.4.6 评估效果验证困难 ………………………………………………………… (31)

本章参考文献 ……………………………………………………………… (32)
3　高校专利申请前评估机制 ……………………………………………… (34)
　3.1　高校专利申请前评估目标和对象 ………………………………… (34)
　　3.1.1　评估目标 ………………………………………………… (34)
　　3.1.2　评估对象 ………………………………………………… (35)
　3.2　高校专利申请前评估的主体 ……………………………………… (37)
　　3.2.1　评估主体的确定 …………………………………………… (37)
　　3.2.2　高校职务发明评估的主体 ………………………………… (37)
　　3.2.3　参与评估人员 ……………………………………………… (39)
　3.3　高校专利申请前评估的人才队伍建设 …………………………… (40)
　　3.3.1　人才队伍的组成 …………………………………………… (41)
　　3.3.2　人才队伍建设举措 ………………………………………… (43)
　3.4　高校专利申请前评估的保障机制 ………………………………… (46)
　　3.4.1　加强国家政策指导 ………………………………………… (46)
　　3.4.2　完善学校管理制度 ………………………………………… (48)
　3.5　高校专利的分级制度 ……………………………………………… (52)
　　3.5.1　高校专利分级概述 ………………………………………… (52)
　　3.5.2　高校专利分级研究及实践进展 …………………………… (54)
　　本章参考文献 ……………………………………………………………… (57)
4　高校专利申请前评估体系 ……………………………………………… (60)
　4.1　高校专利申请前评估的原则 ……………………………………… (60)
　4.2　高校专利申请前评估的内容 ……………………………………… (62)
　　4.2.1　市场价值评估 ……………………………………………… (62)
　　4.2.2　技术价值评估 ……………………………………………… (63)
　　4.2.3　法律价值评估 ……………………………………………… (64)
　4.3　高校专利申请前评估的指标 ……………………………………… (65)
　　4.3.1　国内外专利申请前评估指标实例 ………………………… (65)
　　4.3.2　高校专利申请前评估指标体系 …………………………… (68)
　4.4　高校专利申请前评估指标模型 …………………………………… (72)
　4.5　高校专利申请前评估工具 ………………………………………… (74)
　　4.5.1　基础检索工具 ……………………………………………… (74)
　　4.5.2　通用检索分析工具 ………………………………………… (76)

  4.5.3 专利申请前评估专用工具 …………………………………………… (79)
 本章参考文献 ………………………………………………………………… (81)

5 高校专利申请前评估方法与流程 …………………………………………… (84)
 5.1 高校专利申请前评估方法 ……………………………………………… (84)
  5.1.1 软件评估法 ……………………………………………………… (84)
  5.1.2 人工评估法 ……………………………………………………… (85)
  5.1.3 发明人自评 ……………………………………………………… (85)
  5.1.4 专家评估 ………………………………………………………… (87)
  5.1.5 机构评估 ………………………………………………………… (88)
 5.2 高校专利申请前评估流程 ……………………………………………… (88)
  5.2.1 评估总体流程 …………………………………………………… (89)
  5.2.2 初评阶段 ………………………………………………………… (89)
  5.2.3 实质评估阶段 …………………………………………………… (92)
  5.2.4 专利培育阶段 …………………………………………………… (93)
  5.2.5 申请文本评估阶段 ……………………………………………… (93)
 本章参考文献 ………………………………………………………………… (94)

6 高校专利申请前评估实践研究 ……………………………………………… (95)
 6.1 高校专利申请误区 ……………………………………………………… (95)
 6.2 案例一：评估避免重复提交专利申请 ………………………………… (96)
 6.3 案例二：是否为职务发明导致的权属纠纷 …………………………… (97)
 6.4 案例三：高价值专利培育 ……………………………………………… (98)
 6.5 案例四：申请文本评估 ………………………………………………… (100)
 6.6 评估方案全流程验证 …………………………………………………… (103)
  6.6.1 初评 ……………………………………………………………… (103)
  6.6.2 实质评估 ………………………………………………………… (105)
  6.6.3 申请文本评估 …………………………………………………… (107)
 本章参考文献 ………………………………………………………………… (107)

7 高校专利申请前评估的推广 ………………………………………………… (109)
 7.1 确立机构评级制度 ……………………………………………………… (109)
  7.1.1 机构准入 ………………………………………………………… (109)
  7.1.2 评级机构 ………………………………………………………… (110)
  7.1.3 评级内容 ………………………………………………………… (111)

>　　7.1.4　评级程序 …………………………………………………… (113)
> 7.2　构建专利申请专门通道 …………………………………………… (113)
>　　7.2.1　专利申请前评估与专利申请 …………………………… (113)
>　　7.2.2　构建专门申请通道 ……………………………………… (115)
> 7.3　建立高校专利申请前评估培训体系 ……………………………… (118)
>　　7.3.1　高校专利申请前评估的培训需求 ……………………… (118)
>　　7.3.2　高校专利申请前评估培训课程设置 …………………… (120)
>　　7.3.3　高校专利申请前评估培训模式 ………………………… (121)
> 7.4　加强高校专利申请前评估的推广实施 …………………………… (122)
>　　7.4.1　统一认识,优化制度管理 ……………………………… (123)
>　　7.4.2　凝聚力量,分步分类推进 ……………………………… (123)
>　　7.4.3　多方联动,加强宣传推广 ……………………………… (124)
>　　7.4.4　设立资金,保障评估质量 ……………………………… (125)
>　　7.4.5　允许申诉,维护评估公正 ……………………………… (125)
> 本章参考文献 ………………………………………………………………… (126)

附录 …………………………………………………………………………… (127)
> 附录一:专利申请前评估报告模板 ………………………………………… (127)
> 附录二:其他通用检索分析工具实际案例操作演示 ……………………… (131)

后记 …………………………………………………………………………… (146)

1 绪 论

1.1 研究背景

1.1.1 中国对知识产权的重视度加强

知识产权是国家发展的战略性资源与国家竞争力的核心要素。党的十八大以来，我国知识产权事业不断发展，随着国家对知识产权的重视，我国知识产权的创造和发展水平明显提升。2015年，国务院印发《关于新形势下加快知识产权强国建设的若干意见》，明确提出"深入实施国家知识产权战略，深化知识产权重点领域改革，有效促进知识产权创造运用，实行更加严格的知识产权保护""到2020年，在知识产权重要领域和关键环节改革上取得决定性成果，知识产权授权确权和执法保护体系进一步完善，基本形成权界清晰、分工合理、责权一致、运转高效、法治保障的知识产权体制机制，知识产权创造、运用、保护、管理和服务能力大幅提升，创新创业环境进一步优化，逐步形成产业参与国际竞争的知识产权新优势，基本实现知识产权治理体系和治理能力现代化，建成一批知识产权强省、强市，知识产权大国地位得到全方位巩固，为建成中国特色、世界水平的知识产权强国奠定坚实基础"。2021年9月，中共中央国务院印发《知识产权强国建设纲要（2021—2035年）》，旨在统筹推进知识产权强国建设，全面提升知识产权创造、运用、保护、管理和服务水平，充分发挥知识产权制度在社会主义现代化建设中的重要作用。2021年10月，国务院发布的《"十四五"国家知识产权保护和运用规划》提出，"以全面加强知识产权保护为主线，以建设知识产权强国为目标，以改革创新为根本动力，深化知识产权保护工作体制机制改革，全面提升知识产权创造、运用、保护、管理和服务水平，深入推进知识产权国际合作，促进建设现代化经济体系，激发全社会创新活力，有力支撑经济社会高质量发展"，并将"坚持质量优先"和"坚持强化保护"作为基本原则。

近年来，习近平总书记也在多个场合多次强调要加强知识产权保护，这是"完善产权保护制度最重要的内容，也是提高中国经济竞争力最大的激励"[①]，是"推进创新型国家建设、推动高质量发展的内在要求"[②]。2021年1月21日，《求是》杂志发表习近平总书记重要文章《全面加强知识产权保护工作 激发创新活力推动构建新发展格局》，文章强调"创新是引领发展的第一动力，保护知识产权就是保护创新""知识产权工作正在从追求数量向提高质量转变"[③]。

1.1.2 中国高校专利质量亟待提高

随着国家创新驱动发展战略的颁布实施及知识产权强国建设的推进，知识产权在国家科技创新中的作用日益凸显，我国知识产权总体发展水平明显提升。专利是科技领域最重要的知识产权，其申请和授权量都大幅提高，实施状况整体向好。高校是科技创新的主要来源地之一，也是我国专利申请的重要力量，其专利质量却整体上偏低，主要体现在以下几方面：

一是高校专利实施率低。专利只有发挥功用才会有价值，如何让专利"物有所值"并尽可能实现增值，是知识产权工作面临的新挑战。自2017年以来，我国有效专利实施率从50.3%逐步上升至2020年的57.8%，专利实施状况稳中有升。[④] 然而，与整体上57.8%的有效专利实施率相比，高校有效专利实施

---

① 中国知识产权报.习近平:加强知识产权保护是完善产权保护制度最重要的内容 也是提高中国经济竞争力最大的激励[EB/OL].(2018-04-11)[2021-09-21].http://www.iprchn.com/cipnews/news_content.aspx? newsId=107201.

② 新华社.习近平在第二届"一带一路"国际合作高峰论坛开幕式上的主旨演讲[EB/OL].(2019-04-26)[2021-09-21].http://www.gov.cn/xinwen/2019-04/26/content_5386544.htm.

③ 新华社.《求是》发表习近平总书记重要文章《全面加强知识产权保护工作 激发创新活力推动构建新发展格局》[EB/OL].(2021-01-31)[2021-09-21].http://www.gov.cn/xinwen/2021-01/31/content_5583917.htm.

④ 国家知识产权局.2020年中国专利调查报告[EB/OL].(2021-04-28).https://www.cnipa.gov.cn/module/download/down.jsp? i_ID=158969&colID=88.

率只有11.7%，远低于企业的62.7%。①而有效专利实施率低，大多源于专利质量问题或与专利质量具有很强的关联性，41.3%的高校认为专利转移转化的障碍是"专利技术水平较低"②。

二是专利维持年限短。专利维持费会随着维持年限的延长而增加，专利权人需要通过衡量经济效益来决定是否继续维持专利。因此，专利维持年限一定程度上也是专利价值的体现，可以有效反映专利的质量情况。调查显示，截至2018年年底，我国国内有效发明专利平均维持年限为6.3年，而高校为5.4年，比平均水平低，更是低于企业的6.5年。③高校有效专利维持年限短，尤其是有些专利申请即将失效，这是因为有相当一部分专利申请的初衷并不是保护技术价值，而是为了应对职称评审、结题验收、绩效考核等，由此产生了一大批低价值专利，从而导致高校专利质量整体上偏低。

三是专利申请文本质量不高。专利申请文本是影响高校专利质量的一个因素，对专利申请的确权与后续可能的维权都有重要影响。有的权利要求书撰写质量不高，导致保护范围过宽而无法获得授权，或者尽管获得了授权但保护范围过窄，竞争对手可以轻易规避，大大削弱了专利价值；有的说明书缺少足够的试验数据和实施案例，权利要求得不到足够支持，导致专利难以授权或授权后容易失效；有的背景技术中非技术非经济因素过多，没有标注必要的、重要的参考文献，给实质审查工作带来不便，延长审查周期，同时也为发明人答复实审意见带来了难度；等等。这些都是专利文本质量不高的表现。

如何提升高校专利质量及实施率，成为专利工作者面临的重要问题。

1.1.3 中国高校专利申请前评估相关政策陆续出台

2020年2月，教育部联合国家知识产权局、科技部印发了《关于提升高等学校专利质量 促进转化运用的若干意见》（教科技〔2020〕1号）（以下简称《若干意见》），明确提出，要将专利转化等科技成果转移转化绩效，作为一流

---

① 国家知识产权局.2020年中国专利调查报告[EB/OL].(2021-04-28). https://www.cnipa.gov.cn/module/download/down.jsp?i_ID=158969&colID=88.
② 同上。
③ 国家知识产权局.2019年中国专利调查报告[EB/OL].(2020-03-09). https://www.cnipa.gov.cn/module/download/down.jsp?i_ID=40213&colID=88.

大学和一流学科建设动态监测和成效评价以及学科评估的重要指标，坚决扭转高校专利工作的"重数量轻质量""重申请轻实施"的局面，要求有条件的高校加快建立专利申请前评估制度，对拟申请专利的技术进行评估。2021年4月，国家知识产权局、中国科学院、中国工程院、中国科学技术协会联合发布的《关于推动科研组织知识产权高质量发展的指导意见》提出，从加强知识产权统筹协调和制度建设、深入开展科研项目专利导航、建立专利申请前评估制度等三个方面着手，坚持知识产权保护导向，强化创新全过程知识产权管理。2021年7月，国务院办公厅印发的《关于完善科技成果评价机制的指导意见》提出，建立健全重大项目知识产权管理流程，建立专利申请前评估制度。

事实上，在明确提出"专利申请前评估"这一概念之前，国家相关政策早已涉及相关内容。比如，早在2010年7月，科学技术部、国家发展和改革委员会、财政部、国家知识产权局发布了《国家科技重大专项知识产权管理暂行规定》（国科发专〔2010〕264号），其中第十一条规定"项目（课题）申报单位提交申请材料时，应提交本领域核心技术知识产权状况分析，内容包括分析的目标、检索方式和路径、知识产权现状和主要权利人分布、本单位相关的知识产权状况、项目（课题）的主要知识产权目标和风险应对策略及其对产业的影响等"，第十二条规定"牵头组织单位应把知识产权作为立项评审的独立评价指标，合理确定其在整个评价指标体系中的权重""牵头组织单位应聘请知识产权专家参加评审，并根据需要委托知识产权服务机构对同一项目（课题）申请者的知识产权目标及其可行性进行汇总和评估，评估结果作为项目评审的重要依据"。2012年，科技创新知识产权工作"十二五"专项规划提出，要加强对科技创新的知识产权服务，围绕国家科技重大专项、国家科技计划、重点产业和重大技术领域等，开展专利分析和预警工作，为科技管理和科技创新活动提供支撑和服务。上述这些围绕科研项目开展专利分析的内容，其实与专利申请前评估有密切关系，通过技术领域的专利分析，可以明确技术研发方向，规避知识产权侵权风险，为技术成果申请专利打下基础。

随着国家相关部门一系列政策文件的出台，"专利申请前评估"成为越来越重要的议题。

1.2 高校专利申请前评估的意义

高校专利申请前评估，从广义上讲，是指高校对政府科研项目（行政规范要求）和非政府科研项目（自愿委托）的职务科技成果专利申请行为进行阶段性评估的制度安排和整体评议评价过程；从狭义上讲，是对科研团队拟申请专利的发明创造，从技术价值、市场价值、法律稳定性、文本撰写质量等方面进行评估。高校专利申请前评估，是高校科研工作的完善和深入，对提高高校科研水平、保护知识产权、促进科研成果的落地应用都有着重要意义。

首先，高校专利申请前评估，是深入贯彻习近平总书记科技创新思想及国家知识产权强国建设精神的重要举措。《知识产权强国建设纲要（2021—2035年）》近期目标提出"到2025年，知识产权强国建设取得明显成效，知识产权保护更加严格，社会满意度达到并保持较高水平，知识产权市场价值进一步凸显，品牌竞争力大幅提升"，为此从知识产权制度、保护体系、市场运行机制及公共服务体系等方面提出了一系列措施。高校专利申请前评估，是公共服务体系中重要的一环，它通过高校或社会化的知识产权服务机构，对高校拟申请专利的发明创造进行评估，目的是减少低质量专利申请数量，整体提升高校专利质量，加强知识产权保护，进而促进专利实施运用，实现专利技术价值的最大化。

其次，高校专利申请前评估，将重构高校科研管理体系，提升高校科研实力。《若干意见》中指出：高校应将知识产权管理体现在项目的选题、立项、实施、结题、成果转移转化等各个环节。专利申请前评估，是对拟申请专利的技术进行评估，以决定是否申请专利，很显然，它对项目的结题、专利申请及后续的专利成果转移转化都有重要影响，它将科研的前瞻性、完整性、实用性放在了较高的位置，影响科研成果是否获得专利保护，成为高校科研管理流程中重要的一环。同时，通过专利申请前评估，也可以引导高校改革科研考核指标导向，改变"重数量轻质量""重申请轻实施"的局面。因此，高校专利申请前评估制度的建立将重构高校科研管理流程和方法，从科研管理的角度来提高高校科研质量与科技创新成果价值，整体上提升高校科研实力。

再次，高校专利申请前评估，将提升科研人员的知识产权水平与科研素养。调查[①]显示，科研人员了解专利相关知识的主要原因是申请专利。首都医科大学的调查[②]也表明，该校仅有约半数科研人员明确了解专利的保护期限、职务发明创造的相关规定，78.38%的被调查者了解专利的新颖性要求，70.27%的科研人员会优先考虑发表论文。专利申请前评估，要求发明人如实披露自己的科研成果，为了让自己的科研成果能通过评估，获得专利保护，并最终实现经济价值，发明人会自觉地加强知识产权相关知识的了解与学习；在评估过程中，发明人通过与评估机构的沟通交流，也将获得诸多专业的建议。科研人员通过专利申请前评估，将更多地认识到专利保护的重要性、必要性以及如何让自己的成果获得专利保护，从而树立正确的专利观念，培养高价值专利的意识，整体上提升科研素养。

最后，高校专利申请前评估，将提升高校专利质量。通过评估，让发明人了解相关领域的专利状况，使其对自己的发明创造有更为清晰的认识，一方面主动放弃某些技术价值低劣或市场价值不高的专利申请，另一方面也可以通过对自己的技术进行改进从而获得专利申请条件。对有较大技术价值或市场价值的技术，评估机构通过评估分析，可以在技术价值提升、专利布局、专利文本撰写等方面提出建议，通过高价值专利培育，遴选出具备转化前景、商业可行性以及市场投资回报率高的成果，争取科技成果转化效益最大化。同时，《若干意见》还建议，通过明确产权归属与费用分担的方式来促进专利质量提升。总之，高校专利申请前评估的目的，不是不让发明人申请专利，而是要减少低质量专利申请，充分挖掘培育高价值专利，从而提升高校专利质量。

---

① 张晓东,傅利英,于杨曜.高校科研人员专利意识调查研究[J].中国高校科技,2012(Z1):29-30.
② 李夏溪,李海燕,邵雪梅.由专利申请动机浅析提升高校专利质量对策——以首都医科大学为例[J].医学教育管理,2020,6(6):615-619,600.

2 高校专利申请前评估概况

高校专利申请前评估工作需要兼顾不同高校的实际情况。本章在总结中国高校专利现状的基础上，对国内外高校专利申请前评估现状进行分析，梳理国内高校专利申请前评估的难点，旨在提出有针对性的国内高校专利申请前评估方案。

2.1 中国高校专利现状分析

2.1.1 专利申请与授权

截至 2020 年 6 月 30 日，全国高等学校共计 3005 所，其中普通高等学校 2740 所，成人高等学校 265 所。本节针对 827 所公办本科类高校进行专利现状分析。[①]

从发明专利申请总量来看，国内普通高校发明专利申请呈现出四种类型：第一类高校专利申请规模巨大，共有 41 所高校累计发明专利申请量超过 10000 件，其中前五名分别是浙江大学（41787 件）、清华大学（32865 件）、天津大学（27401 件）、东南大学（27292 件）、华南理工大学（26687 件）；第二类高校专利申请规模较大，共有 242 所高校累计发明专利申请量在 1001～10000 件之间；第三类高校发明专利申请量在 100～1000 件之间，共计 299 所；第四类高校发明专利申请量少于 100 件。具体如图 2-1 所示。

---

① 分析数据源于智慧芽专利检索与分析平台。

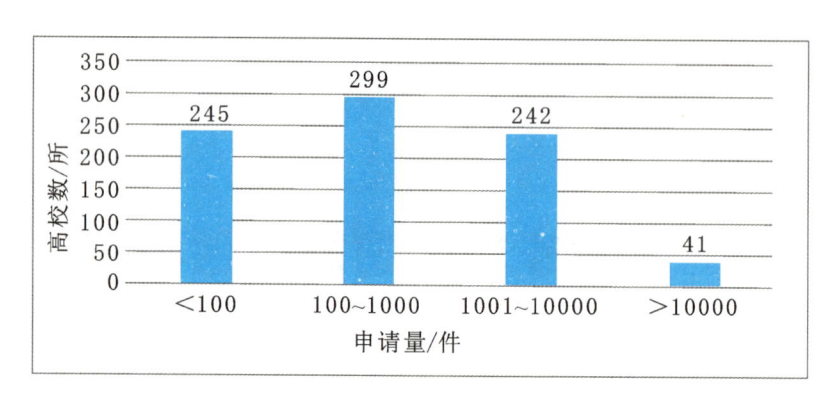

图 2-1　高校发明专利累计申请量分布

从 2019 年发明专利申请总量来看，共有 56 所高校年申请量超过 1000 件，65 所高校年申请量在 500～1000 件间，236 所高校年申请量为 100～500 件，474 所高校年申请量小于 100 件。2019 年，前 121 所高校（年申请量＞500 件）合计申请 14.8 万件发明专利，占公办本科类高校全年申请量的 68.4%。从普通高等学校已审结的发明专利授权率可以发现，过半高校的专利授权率超过了 50%，仍有近半数高校的专利授权率有待提高。

高校专利申请前评估工作可以专利申请量大的高校为重点，通过试点探索，形成规范的高校专利申请前评估工作标准。需要注意的是，申请量大的高校，其专利申请前评估需求往往超出了高校相关知识产权管理人员的应对能力，在确定专利申请前评估方法和设计流程时需要兼顾评估效率，建议通过设置层次化的评估流程实现专利申请前的分流，避免所有专利投入同等人力。

2.1.2　专利维持与运用

目前国内高校发明专利整体维持年限短，63.2% 的发明专利维持年限短于 6 年，5.42% 的发明专利维持年限超过 10 年，发明专利失效量超过 1000 件的高校已超过 60 所。造成高校专利维持年限短的主要原因在于专利申请文本撰写质量不佳，权利要求保护范围不合理，直接影响到专利技术的保护与运用。

据统计，发明专利转让数量累计超过 200 件的高校共 74 所，其平均转让发明专利占发明专利总量的 13.44%。专利许可作为专利运用的另一重要手段，在国内高校的表现更加不尽如人意。发明专利许可数量累计超过 200 件的高校仅 14 所，超过 100 件的高校仅 30 所，许可专利占发明专利的平均比例仅为 3.23%。

高校专利申请前评估的核心在于促进专利的转化运用，需通过提高专利授权率、提升专利质量来促进专利的转化运用。参考国外高校仅45%的发明披露申请了专利，国内高校可以利用高校专利申请前评估对发明披露的专利授权前景进行预判，排除授权可能性小、转化运用前景低的专利申请，使得专利发明披露与发明申请的比例接近国外高校水平。

2.2 中国高校专利申请前评估现状

2.2.1 高校专利申请前评估概况

自《若干意见》等政策文件出台以来，国内已有部分高校开始尝试开展专利申请前评估工作。根据调研结果，我们归纳整理出部分已开展专利申请前评估工作的高校及其工作模式，如表2-1所示。

表2-1 国内部分开展专利申请前评估的高校及其工作模式

序号	高校	工作模式
1	北京交通大学	由学校科技处知识产权与技术转移中心主导，通过招标的方式委托第三方服务机构开展
2	常州大学	专利申请提交专利管理系统后，由代理机构对该专利进行申请前评估并出具"常州大学专利价值评估表"，评估合格，经学校审批后方可进行专利申请
3	长安大学	对拟提交申请的专利进行评估，评估拟提交申请的专利是否符合专利法对发明、实用新型、外观设计或符合其他种类知识产权的定义；是否符合新颖性、创造性、实用性；是否具有授权前景和可以预计的、较高的成果转化前景；是否符合学校对重点学科的要求
4	东北大学	以学院（部、重点实验室）为单位，成立知识产权委员会，由相关领域专家组成，各学院（部、重点实验室）根据学科特点，结合自身情况定期对本部门拟申请的知识产权进行评估，围绕技术含量和市场前景提出意见。科学技术研究院聘请专业人士或委托第三方对拟申请的知识产权进行技术查新或"三性"（新颖性、创造性、实用性）评价，给出综合评估意见

续表 2-1

序号	高校	工作模式
5	东北师范大学	经学校知识产权管理部门或委托市场化机构进行评估后，认为有必要申请专利的，及时申请专利
6	东华大学	建立专利申请前评估制度。成立学院专利申请评估小组，对拟申请专利的技术进行评估
7	东莞理工学院	委托知识产权服务有限公司对学校拟申请的发明专利技术进行申请前评估
8	福建工程学院	发明人填写"福建工程学院专利申请价值评估表"，提交至所在部门（单位）；由所在部门（单位）组织初审，并将通过初审的"福建工程学院专利申请价值评估表"（一式两份）报至科研处，科研处组织对提交的专利进行评估
9	华南师范大学	专利申请前评估主要包括"自评"和"代理机构评估"两部分，评估内容包括对拟申请专利成果进行创新性（包括新颖性、创造性和实用性）评估以及可转化性评估
10	华南理工大学	由专利代理机构出具申请前检索报告
11	华南农业大学	由学校知识产权管理与运营领导小组办公室委托有资质的机构开展评估
12	河海大学	由技术转移中心对拟申请专利的职务科技成果进行申请前技术评估，以决定是否申请专利
13	江苏科技大学	职务发明创造专利申请提交前，发明人应就该发明创造的新颖性、创造性进行检索，认真撰写技术方案交底，并经同行专家评议或专业机构评估后申请
14	南方医科大学	申请发明专利须请代理机构或委托学校图书馆出具加盖公章的申请前评估意见，申请其他知识产权无须申请前评估
15	齐齐哈尔医学院	教职工申请职务专利，提交材料后需要经学院学术委员会专家评议评估；专利申请评估通过后进行下一步申请程序；经评估不适宜申请专利的职务科技成果，不允许擅自申请
16	苏州大学	专利申请前评估工作由发明人所在二级单位组织开展并出具"苏州大学专利申请前评估准许表"，报科学技术研究部备案
17	中国人民大学	专利申请前，发明人应填写"中国人民大学成果披露和专利申请审批表"，由所在院系审核后，报理工学科建设处，由理工学科建设处进行可行性评估

续表 2-1

序号	高校	工作模式
18	中山大学	遴选了 10 家专利代理公司为学校提供专利代理服务。通过合约要求代理公司对科研人员提出的专利申请进行创新性、应用前景等方面的申请前评估，并据此决定是否代理专利申请

注：根据实地与网络调研结果整理，按高校名称首字母排序。

总体来说，大多数高校还没有提出具体的专利申请前评估办法，形成制度文件的更少，只有少数高校做出了较快的反应。2020 年 3 月，齐齐哈尔医学院和常州大学先后发出"关于停止对专利申请的资助和开展专利申请前评估的通知"和"关于调整常州大学专利申请办法的通知"，提出要开展专利申请前评估；2020 年 6 月，福建工程学院发布文件《关于我校知识产权申请代理变更及专利申请前评估工作的通知》，截至 2021 年 7 月，已发布 6 批专利申请前评估结果；2021 年 1 月，东北大学在修订的《东北大学知识产权管理办法》中明确提出开展知识产权申请事前评估；2021 年 2 月，长安大学发布《长安大学专利申请事前评估办法（试行）》，对本校教职工、本校学生拟提交国家知识产权局的专利申请进行申请事前的评估；2021 年 3 月，《中国人民大学知识产权（专利）管理办法（修订）》印发，提出在专利申请前，由理工学科建设处进行可行性评估、权属审核、系统备案等；2021 年 6 月，华南师范大学发布的《华南师范大学专利申请及授权办事流程指引》规定，申请前阶段，专利负责人对拟申请的专利进行自评，同时由代理机构对专利的创新性和可转化性进行评估。还有部分高校并没有形成规范性的文件，但以"专利申请前评估表"的形式对专利申请行为进行了约束，涉及专利申请前评估的相关内容，如成都中医药大学、绍兴文理学院等。

2.2.2 现行高校专利申请前评估的内容

通过调研国内开展专利申请前评估的高校，综合整理得出其评估内容主要包括三个方面。

（1）形式审查

专利申请前的形式审查，主要包括对发明人身份的确认、审查提交的相关材料是否齐全等。其中比较重要的一项是对知识产权权属进行确认，有的在专利审查表中列出，有的单独将"知识产权权属确认书"作为附件，都需要发明人和所属学院确认。表2-2给出的是东北大学专利申请表中形式审查的相关内容。[①]

表2-2　东北大学专利申请表中形式审查的相关内容

发明人声明	1. 全体发明人均参加本表所述及的发明（软件著作权）研发，自愿就上述发明申请（发明、实用新型、外观设计）专利（软件著作权）； 2. 全体发明人保证本发明内容是自主研发，申请材料符合《中华人民共和国专利法》（《计算机软件保护条例》）中专利（软件著作权）申请相关规定； 3. 全体发明人一致同意委托的发明责任人； 4. 发明责任人有权代表全体发明人配合学校进行专利申请、授权、维持和成果转化及现金奖励分配等相关事宜的处理，不再附加任何权利诉求。 　　特此声明！ 　　　　　　　　　　　　　　　发明责任人（签字）： 　　　　　　　　　　　　　　　全体发明人（签字）： 　　　　　　　　　　　　　　　　　　　年　　月　　日
学院审核意见	本部门经过审慎审核后一致确定，本表所列成果确是发明人自主研发，申请材料内容符合《中华人民共和国专利法》（《计算机软件保护条例》）中专利（软件著作权）申请相关规定，同意本成果申请专利（软件著作权），同意发明责任人代表全体发明人配合学校进行专利申请、授权、维持和成果转化等相关事宜的处理。 　　签字：　　　　　　　　　　　　　学院公章： 　　　　　　　　　　　　　　　　　　　年　　月　　日

（2）新颖性检索

专利申请前，对技术的新颖性进行评估必不可少，即通常所说的专利查新检索。专利查新是科技查新的一种，主要判断技术是否符合《中华人民共和国专利法》新颖性的要求，强调的是技术的新颖性，也涉及创造性和实用性部分。综合现有涉及专利申请前评估的高校，在其专利申请前评估表中，大多设置了是否已开展查新检索这一项，只是在表述上有些许差别，如华南师范大学的表述为"是否开展申请前查新检索"，长安大学的表述为"是否检索"，吉林大学则要求提供"检索报告及检索文件"。

（3）价值评估

目前，对专利价值没有统一的定义，学者们对专利价值的认识也各不相

---

① 东北大学.关于实施专利申请前评估的通知[EB/OL].(2021-04-14)[2021-08-20]. http://kyy.neu.edu.cn/2021/0414/c2947a192940/page.htm.

同，但大体上都认为专利价值涵盖技术、法律、经济三个方面。在目前涉及专利申请前评估的高校中，对拟申请专利价值的评估体现在技术成熟度、应用与市场前景、可转化性、预计转让时间与价值等方面。如长安大学，除了评估拟提交申请的专利是否符合新颖性、创造性、实用性外，还要评估其是否具有授权前景和可以预计的、较好的成果转化前景。

2.2.3 目前高校专利申请前评估的方法

2.2.3.1 一般评估方法

目前已开展专利申请前评估的高校，大多由科研管理部门组织开展评估工作，采用的方法主要有自评、专家评估和机构评估等，上述两种或三种方法多结合使用。

（1）自评

对拟申请专利技术的自评，主要是通过提交技术交底书的形式，在技术交底书中将技术所属领域、背景、发明内容、创新点、要解决的问题及市场前景等进行详细说明。除此之外，有的也要求对技术新颖性、创造性、实用性、应用前景、实施方式等进行自评，更有高校要求在自评中提供专利申请背景材料、国际国内技术对比、技术成熟度、预计转化时间与价格等内容。表 2-3 为华南师范大学专利申请前评估自评内容。[①]

表 2-3　华南师范大学专利申请前评估自评内容

专利创新性及可转化性自评	新颖性：□具有　　□具有但不明显　　□不具有 创造性：□具有　　□具有但不明显　　□不具有 实用性：□能够制造或使用，并产生积极效果 　　　　□能够制造或使用，效果较差 　　　　□不能制造或使用 应用前景：□非常好　　□较好　　□一般　　□不清晰 实施方式：□自行实施　　□转让　　□许可 　　　　　□作价入股　　□质押融资　　□其他_____ 专利负责人（签名）： 　　　　　　　　　　　　　　　　　　　年　　月　　日

---

① 华南师范大学．关于开展专利申请前评估工作的通知[EB/OL]．(2021-06-11)[2021-09-28]．https://kjc.scnu.edu.cn/a/20210611/883.html.

(2) 专家评估

参与专利申请前评估的专家团队，可以由各领域的学术带头人或权威专家组成，如东北大学以学院（部、重点实验室）为单位成立了知识产权委员会，由相关领域专家组成；也可以直接由学院或学校的学术委员会专家参与评估。专家主要是对专利的价值进行评估，有的高校要求学术委员会针对是否属职务发明、与申请人科研活动的相关性、是否有详细的技术方案（路线）及支撑材料、专利实施可行性等方面撰写评价意见；有的高校要求发明人向代理机构提出专利申请时，将对应的盖有"××大学学术委员会"专用章的"××大学专利申请价值评估表"扫描件提交给相关的代理机构核实确认；还有高校要求根据评估专家意见，给出专利申请前评估分值。

(3) 机构评估

华南师范大学的专利申请前评估包括发明人自评和专利代理机构评估；华南理工大学由专利代理机构出具申请前检索报告；中山大学则遴选了10家口碑好、质量高的专利代理公司为学校提供专利代理服务，通过合约要求代理公司对科研人员提出的专利申请进行创新性、应用前景等方面的申请前评估，并据此决定是否代理专利申请。选择专利代理机构评估的主要原因在于专利价值评估需要法律、技术和经济复合型人才，专利代理师是目前比较合适的人选。也有高校委托社会上的第三方知识产权服务机构开展评估，如北京交通大学由科技处知识产权与技术转移中心通过招标的方式，委托第三方开展专利申请前评估。

(4) 综合评估

一般来说，专利申请前评估工作由高校科研管理部门主导，其综合上述一种或多种评估意见，给出是否申请专利的参考建议。如华南师范大学在综合各项意见后，由科技处给出同意申请、建议修改后重新评估或不同意申请的评估结果。成都中医药大学由知识产权办公室综合学院意见、专家价值评估、知识产权运营中心意见，给出是否申请的结果。

2.2.3.2 高价值专利培育

开展高价值专利培育，是提升专利成果质量的有效手段，有利于科技成果转移转化效率的提高，也可以作为专利申请前评估工作的重要内容之一。专利申请前评估，有利于发现高价值专利，从而提高专利的质量和应用水平。湖南大学、中山大学、南京理工大学、江苏大学、苏州大学等开展了各具特色的高价值专利培育工作。[①]

(1) 实施高价值专利挖掘与培育工程

湖南大学成立了科技成果转化中心（知识产权中心）和知识产权信息服务中心，购置了高校专利管理云服务、Innography、incoPat、ProQuest Dialog 等专利检索与分析平台，提供专利预检索、专利分析、专利导航、专利交易和运营反馈等服务，为18个科研团队开展了专利导航分析。实施高价值专利挖掘与培育工程，引入外部知识产权专业服务机构，围绕优势行业领域和战略性新兴产业遴选重点项目或优势研发团队，布局基础专利、支撑性专利、延伸性专利、防御性专利等，构建高价值专利组合，形成保护合力，确保权利稳定性。

(2) 重大项目专利导航和高价值专利培育

中山大学依托学校国家知识产权信息服务中心开展高价值专利培育，借助该中心丰富的专利信息资源，围绕学校重大、重点科研团队，提供专利信息检索分析、专业技术分析导航服务，使科研人员及时了解和掌握最新的产业发展、技术创新趋势，把握竞争优势，寻求市场机遇，为更好地进行技术创新、成果保护及成果转化提供重要参考依据。此外，与第三方知识产权服务机构合作，进行知识产权信息分析、市场前景评估、专利导航和布局等。

(3) 高价值专利培育示范中心建设

南京理工大学建设了先进焊接装备技术领域高价值专利培育示范中心，建立了包括专利导航、专利挖掘与布局、专利申请、专利运营在内的有效服务机制。一方面，进行专利态势分析，梳理现有技术清单，分析关键技术和空白点；另一方面，开展专利布局，申请前进行预审查新，形成一批高质量核心专利，构建专利池。

江苏大学发挥在农业装备工程领域的学科优势，联合企业共同建立高价值专利培育示范中心：①建立组织管理机构，形成高价值专利全流程管理规范，建立知识产权管理信息平台，深入开展专利竞争态势分析，并围绕核心技术进行战略性布局。②建立智能农业装备高价值专利评价指标体系及专利申请预审

[①] 首批科技成果转移转化基地典型经验之四——专利布局与高价值专利培育[EB/OL]. (2020-04-26)[2021-07-09]. http://www.moe.gov.cn/s78/A16/tongzhi/202004/t20200417_444200.html.

机制，在专利申请前，由技术负责人组织行业专家对研发成果的技术先进性、市场应用前景进行评估，选择较好的研发成果，提交完整、充分的技术交底书。专利服务团队围绕技术难点开展关键技术分析，制定专利布局策略，完成高质量专利申请。

(4)"龙头企业、优势学科、高端服务"三位一体的高价值专利培育

苏州大学探索建立"龙头企业、优势学科、高端服务"三位一体的高价值专利培育路径，布局高端微纳制造装备高价值专利培育示范中心。依托微纳光学制造优势学科和教育部重点实验室、江苏省重点实验室，联合苏大维格科技集团股份有限公司，聘请专业服务机构，组建管理委员会和项目管理、技术研发、专利分析、信息平台、专利申请、专利转化等 6 个专业工作组，进行专利导航和前瞻性布局分析，选择有市场化前景的高端微纳制造装备技术方向开展研发，及时布局专利，对专利申请预审和专利文本撰写质量进行跟踪，形成多个高价值专利组合，并分步推动相应技术的产业化或技术转移。

(5) 专业团队指导开展精准布局

山东理工大学毕玉遂教授带领的研究团队历经 14 年，成功研制出无氯氟新型聚氨酯化学发泡剂。学校充分了解课题组的研究进展及知识产权保护需求，及时向有关部门报告情况，寻求专业指导。国家知识产权局专门成立"微观专利导航工作组"进驻山东理工大学，指导学校开展专利布局、文本撰写、申请等工作。学校成立了专利分析、文本撰写团队，团队成员均具有比较深厚的有机化学理论基础，在专家的指导下对核心专利进行全面分析，将无氯氟新型聚氨酯化学发泡剂的反应原理同有机化学理论充分结合，尽可能扩展技术保护范围。同时，对下游产业链的应用方面也进行了专利布局，对未来可能衍生出的新领域和新技术进行保护。目前，共申请中国发明专利 40 余件，2 件核心专利已获得授权；申报 PCT 专利 3 件，覆盖欧、美、日等发达国家，已陆续获得多国授权。

2.2.4 当前高校开展专利申请前评估的效果

中国高校专利申请前评估还处于探索起步阶段，由于没有统一的操作规范与实施方案，已开展此项工作的高校评估方法也各不相同，并且由于时间尚短，目前大多数高校还没有有关效果的太多报道。就调研了解的情况来看，一

部分学校的评估范围限于专利新颖性检索,也就是专利查新,这是目前评估工作中最简单和直接的方法,一些评估软件也是基于这种方法设计的。华中科技大学2021年开展了专利申请前评估工作试点,评估的内容首先是技术的新颖性,其次是法律的稳定性。2021年上半年,华中科技大学披露发明成果843项,评估了302项;不建议申请专利11项,其中6项完善修改后继续提交申请,5项撤销了专利申请。

从另一个角度看,专利申请前评估的最终目的是提高高校科研水平,提升专利申请质量,促进专利实现转移转化,所以,涉及专利申请前评估的高价值专利培育在很多高校产生了比较积极的效果。北京大学于2013年设立了1000万元人民币的"专利转化基金",用于高价值专利运营,包括高价值专利挖掘、申请、保护和商业化等。技术发明人向学校披露发明成果,学校组织法律、技术、市场等方面的专家对技术发明进行评估,并综合各方评估意见确定是否利用专利转化基金资助该发明技术的专利申请和保护,然后择优选择并委托高水平代理机构撰写文本、保护专利。针对资助的技术发明,学校与技术发明人团队签署专利转化基金资助协议,约定各方的权利、义务以及收益分配等,在学校完成商业化推广和运营后取得的收益扣除成本后按规定的比例分配。通过前述方式,北京大学严格挑选项目、把关专利保护质量、监控专利申请/维持流程、有效布局专利以及采用多种方式进行宣传推介,近几年已经陆续挖掘资助高价值专利数十项,已有部分专利转让或与相关企业洽谈合作。湖南大学围绕"新能源汽车关键技术研发"布局15件专利,并成功应用于湖南猎豹汽车股份有限公司的有关车型,预计每年可产生综合经济效益3200万元;中山大学每年自筹经费500万至1000万元,遴选有产业化前景的项目,开展专利导航和高价值专利培育,形成一批高质量专利成果,促成专利转让和实施许可项目、横向合作项目共计68项,转化金额达到5802万元;江苏大学围绕核心技术"一种轴向喂入式稻麦脱粒分离一体化装置"布局了23件发明专利,并以专利许可的方式应用于履带式联合收割机龙头企业,建成多条高效能联合收割机生产线,形成了年产6万台的生产能力,近3年共销售产品86082台。[①]

[①] 首批科技成果转移转化基地典型经验之四——专利布局与高价值专利培育[EB/OL].(2020-04-26)[2021-07-09]. http://www.moe.gov.cn/s78/A16/tongzhi/202004/t20200417_444200.html.

2.3 国外高校专利申请前评估现状

国外高校一直很重视技术转移工作，认为高校专利申请的首要原因是更好地进行技术转移，形成生产力。因而，一项发明在申请专利前的评估至关重要。国外高校通过专业机构开展技术转移（含许可）与专利申请前评估已有很多年的历史，并形成了一套较为成熟的工作模式。

2.3.1 国外高校技术许可机构概述

2.3.1.1 美国技术许可办公室

1970 年，Niels Reimers 发起成立了世界上第一个专门的大学科研成果转化机构——美国斯坦福大学技术许可办公室（Office of Technology Licensing，OTL），OTL 致力于通过对科研成果和发明专利的市场营销推广使技术最有效地为社会所用。OTL 强调技术转移的目的是将技术从实验室转移到产业端，经济收益是此行为的必然结果而非目标。其技术转移服务涵盖项目背景调查、科研成果确权、发明披露、价值评估、专利申请与维护、商业计划制订、市场潜力挖掘与营销、转让对象选择、技术许可、合同执行与收益分配等。对于专利许可收益，15% 归 OTL 支配，扣除运营成本后的剩余部分，发明人、系、院各分配 1/3。

1980 年，美国颁布《拜杜法案》（*Bayh-Dole Act*），允许美国联邦政府资助的科研项目以及与联邦政府有合同关系的科研项目所产生的知识产权归大学、非营利组织以及小企业所有，政府只保留一些介入权。大学、非营利组织及小企业承担确保这些科技成果商业化的义务。《拜杜法案》明确了大学和发明人拥有科技成果的权属权利，为调动其积极性提供了政策保障。尽管《拜杜法案》并未强制这些实体申请专利，但客观上刺激了大学专利申请和技术许可活动的急剧增长。根据北美大学技术经理人协会（Association of University Technology Managers，AUTM）统计，1981 年，美国大学的许可收入只有 730 万美元，而 2018 年内，美国大学的许可收入已经接近 29.40 亿美元。

此后十年，随着多项促进技术商业化法律的纷纷出台，众多研究型大学纷纷仿效 OTL 模式，设立"技术转移办公室（Technology Transfer Office，TTO，也称为 Office of Technology Transfer，OTT）"，目前 TTO 已普及全美。经过几十年的实践，各大学为成果转移转化建立了专业的服务队伍和标准化的管理与操作程序。以斯坦福大学为例，其 OTL 的正式人员数量已经达到 40 余人，并配有独立的财务和行政体系，管理有效专利 3500 多件，有效技术许可 2100 件（同一专利可能有多项许可），许可率在 20%～25%之间，技术许可收益累计超 19 亿美元。近年来，斯坦福大学 OTL 每年受理科研人员披露的技术发明约 500 件，通过评估，对其中约 50%的技术通过申请专利进行保护，每年对外签署许可协议 100 多件。斯坦福模式成功地为美国高校树立了"值得转"的典范，其 OTL 的标准操作程序包括 10 个步骤，如图 2-2 所示。

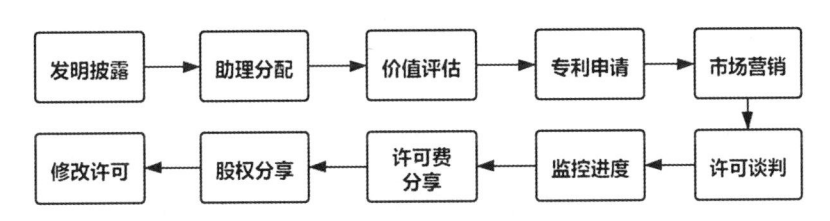

图 2-2　斯坦福大学 OTL 操作程序

其中，发明披露和价值评估两个环节是正确认识研究成果的基础，对于确定是否申请专利，以及如何转化成果具有决定性作用，这已经成为世界各国 TTO 的普遍共识。在价值评估环节，OTL 收到披露表后 1～3 周内，技术经理人与发明人会面讨论，对发明创造的可行性、可专利性、新颖性、潜在应用和可能的市场进行初步评估，指导制定许可策略，如排他许可或普通许可，向其他应用领域许可等，发明人可以通过参与现有技术检索来协助评估。

AUTM 对美国高校 1991—2020 年的发明披露和专利申请情况进行了持续统计[①]，数据显示，发明披露中约有 1/3 并未申请专利。对 2016—2020 年的数据进行了进一步分析，结果如图 2-3 所示。由图 2-3 可见，五年来，发明披露数量稍有增长，但整体较稳定。每年仅有约 45%的发明申请了临时专利，表明 TTO 在发明披露的基础上，通过价值评估否决了一半以上的专利保护提案。同

---

① Grant Allard，John Miner，Dustin Ritter，et al. AUTM US Licensing Activity Survey：2020［EB/OL］. (2021-08-04)［2021-08-18］. https://autm.net/surveys-and-tools/surveys/licensing-survey/2020-licensing-survey.

时，最终提交的新专利申请量较临时专利申请量增加 40% 左右，表明对于确定进行专利保护的发明，平均约有 40% 的发明可以进行多项专利布局，获得更广泛的保护。

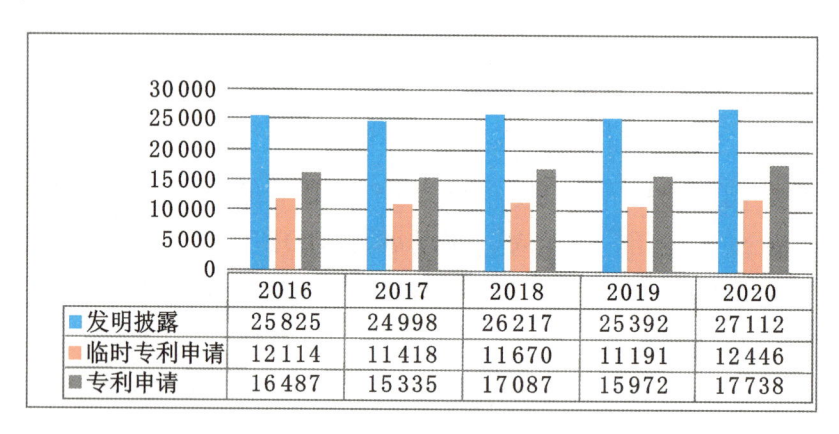

	2016	2017	2018	2019	2020
发明披露	25825	24998	26217	25392	27112
临时专利申请	12114	11418	11670	11191	12446
专利申请	16487	15335	17087	15972	17738

图 2-3 美国高校 2016—2020 年发明披露和专利申请数量（单位：件）

2.3.1.2 日本技术转移机构

日本早于美国，在 20 世纪 70 年代就明确了高校专利申请的制度，然而因经济泡沫和萧条，直到 1998 年才批准通过了《大学技术转移促进法》，确立了大学技术转移机构（Technology Licensing Organization，TLO），并于当年批准建立东京大学、京都大学·立命馆大学、东北大学和日本大学 4 家 TLO。1999 年，日本颁布了《产业活力振兴特别措施法》，其中的第三十条成为日本版《拜杜法案》的基本条款。该条款规定，大学等研究机构对其利用政府财政资助完成的发明创造拥有所有权，但政府拥有介入权，并可收回所有权。日本目前获得承认的 TLO 已达到 34 家，根据日本《大学技术转移促进法》，TLO 技术转移业务的内容主要包括：①可商业化的研究成果的发现、评价、选择等；②提供具体研究成果的技术资料等；③对私营企业专利权的许可等；④特许权使用费等收入的流通。

日本文部科学省科学技术·学术政策研究所在 2021 年对适用日本版《拜杜法案》的专利申请开展了综合调查[1]。自 1999 年 10 月 1 日以来，共有 36569 件

---

[1] NAKAYAMA Yasuo, HOSONO Mitsuaki, TOMIZAWA Hiroyuki. Comprehensive Survey on Patent Applications under the Japanese version of the Bayh-Dole System (NISTEP DISCUSSION PAPER, No. 195)[EB/OL]. (2021-06-28)[2021-09-08]. https://www.nistep.go.jp/archives/47679.

专利申请适用于日本版《拜杜法案》。其中高等教育机构（国立大学、学校法人等）的专利申请量逐年减少，具体见图2-4。此外，调查还显示，适用该法案的专利申请授权率比其他申请平均高出约10个百分点，说明这些发明更符合专利授权要求。TLO在申请前开展细致的检索、分析、评估工作的作用显而易见。

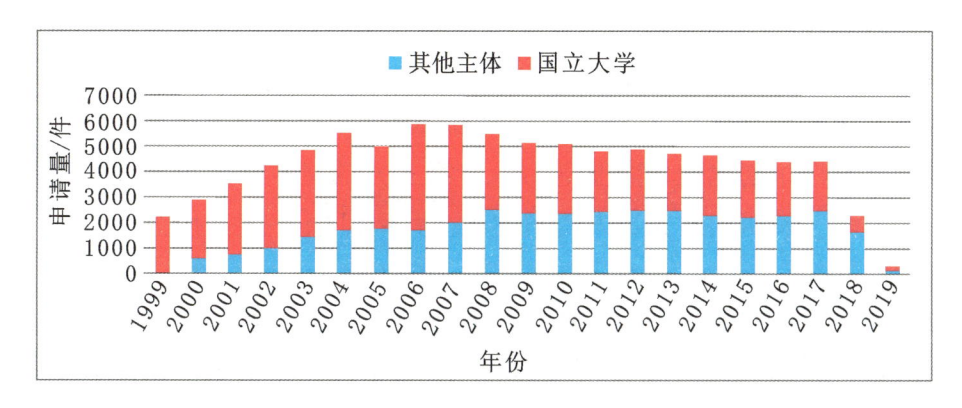

图2-4　日本国立大学适用日本版《拜杜法案》的发明专利申请趋势

实践中，日本专利法规定了专利申请不丧失新颖性的宽限期，并且对其要求相对宽松，几乎涵盖了所有公开方式，不管是申请人的发明被别人公开，还是申请人自己主动或不小心公开，无论是在日本国内还是在日本以外，都可以适用该规定。2018年，日本修订专利法时，考虑到大学和科研机构的发明人对自己科研成果的公开具有一定的需求，也需要更长的时间为日后的专利申请做准备，将宽限期延长至一年，自实际申请日起算。这为专利申请前评估的开展提供了更充沛的时间，从侧面保证了评估的质量。

2.3.1.3　德国技术转移机构

在德国，高校、科学协会、州立科学院和企业四大系统承担科研项目。其中，面向高校的科研项目主要来源于四个渠道：欧盟"地平线2020计划"和"尤里卡研究"计划；联邦政府的创新支持计划项目；州政府的创新支持计划项目；企业发布的科研项目。对于应用性科研项目，承担主体必须为企业，科研成果必须在企业应用方可结题验收。高校教师可以到企业兼职，也可以自己开办公司。这一规定确保了应用性成果能快速、高效地产业化落地，同时兼顾了发明人的私人利益。

德国早先适用"教授特权"，即大学教师可自行获得专利权，但因教师个人难以承受专利实施的风险,反而影响了大学科技成果的转化应用。2002年修订后的《雇员发明法》取消了这项特权,其第42条规定,高等学校的职务发明成果归属于高等学校,高等学校享有申请专利和使用的权利;政府对其资助科研项目产生的发明创造成果享有非独占的无偿使用权;如果属于联邦教育研究部资助,受资助方应尽到成果转化及专利申报等义务。

德国高校普遍建立了技术转移机构,其主要执行七项任务:合作管理,支持专利,许可和展会,创业活动,一般咨询,培训活动,资助和营销推广活动。技术转移机构有4个月的时间决定是否进行专利申请。该决定基于各种参数,例如新颖性、创造性、商业潜力、对第三方的义务、第三方权利和其他可能相关的因素。发明人在完成发明披露2个月后可以进行技术公开。

欧洲专利局(European Patent Office,EPO)对2007—2018年间向其提交专利申请的欧洲大学和公共研究机构的调查显示,对于德国专利申请人,其技术转移机构对84%的申请制定了书面技术转移和商业化策略,并对56%的申请进行了专利自由实施分析(Free to Operate,FTO)调查。该数据在欧洲范围内分别达到78%和64%。

2.3.2 国外高校发明披露

目前各国高校一般通过线上(电子件)或线下(纸件)填写发明披露表(发明披露报告)的形式完成发明的披露。

根据斯坦福大学介绍,发明披露表是提供给技术许可办公室的对发明或开发的书面描述。该披露列出了所有支持来源,并包括开始进行保护和商业化活动所需的信息。进行发明披露的时机可由发明人自行决定,但只要发明人认为自己发现了具有潜在商业价值的独特事物,或者应资助研究的条款要求公开发明时,就应该完成发明披露。理想情况下,这应该在出版物、海报会议、会议、新闻稿或其他通信方式展示之前完成。

各国高校的发明披露表虽有差异,但总体包括以下几方面内容:

(1)发明创新性描述,包括发明的名称、发明的目的、发明解决的问题、发明的具体内容和操作、现有技术的问题或劣势、与现有技术相比的新(独特)特征、有益效果、关键词或词组等。

(2)相关专利或出版物公开,包括与发明内容相关的专利、论文、报告、预印本、重印本、新闻稿、专题文章和内刊等。

(3) 资助情况描述,包括与本发明相关的所有来源和级别的资助、支持、项目等。

(4) 保密等协议签署,包括与本发明相关的各种协议,如保密协议、合作开发协议、许可协议、材料转让协议等。

(5) 发明应用性说明,包括发明应用场景、发明解决问题、感兴趣的企业或第三方、替代方案或产品等。

(6) 发明状态说明,包括发明是否已完成或测试、是否制作了原型或样品等。

(7) 发明人信息,包括发明人姓名、地址、联系方式、邮箱、所在院系、职务、雇用状态以及每位发明人对发明的贡献及百分比等。

2.3.3 国外高校专利申请前评估

在专利申请前评估环节,技术经理人分析每项发明披露,审查发明的可许可性。评估的因素包括发明的可专利性、潜在产品或服务的可保护性和可销售性、与可能影响自由实施的相关知识产权的关系、相关市场的规模和增长潜力、进一步开发所需的时间和资金、与知识产权相关的在先权利(也称为"背景权利"),以及来自其他产品/技术的潜在竞争。具体评估包括以下两个层面。

(1) 研发层面的评估考量。主要包括:①发明实施难易度,通过与发明人面谈沟通,了解发明所涉及的项目所处阶段,是否有原型产品;②竞争对手实施该发明的可能性,通过市场调查,了解竞争产品的相似程度及侵权的可能性;③发明有益效果,通过发明披露,明确发明与现有技术相比的优势,以及改进程度;④发明先进性程度,通过发明披露,了解竞争对手开发相同技术的可能性及难易度,发明人在该技术领域中的地位,是相同技术的首创者、领先者还是跟随者;⑤发明应用性,通过发明披露,了解发明可应用的领域、可应用的产品。

(2) 知识产权保护层面的评估考量。主要包括:①发明授权可能性,主要通过现有技术检索确定发明的新颖性、创造性水平,了解专利申请被授权的概率;②发明在专利布局中的地位,主要通过发明披露,明确发明在该研发项目或一组发明中的地位,是否为核心发明,或是外围发明或衍生发明;③规避设计难度，主要通过与发明团队的面谈沟通，确定竞争对手进行规避设计的难易程度。

在技术转移办公室的工作流程中，对于发明是否能够以及需要进行专利申请的评估是整个评估环节的一项重要内容，是为技术许可服务的。京都大学的技术转移机构（TLO）对于发明申请专利的评估工作流程如图2-5所示。

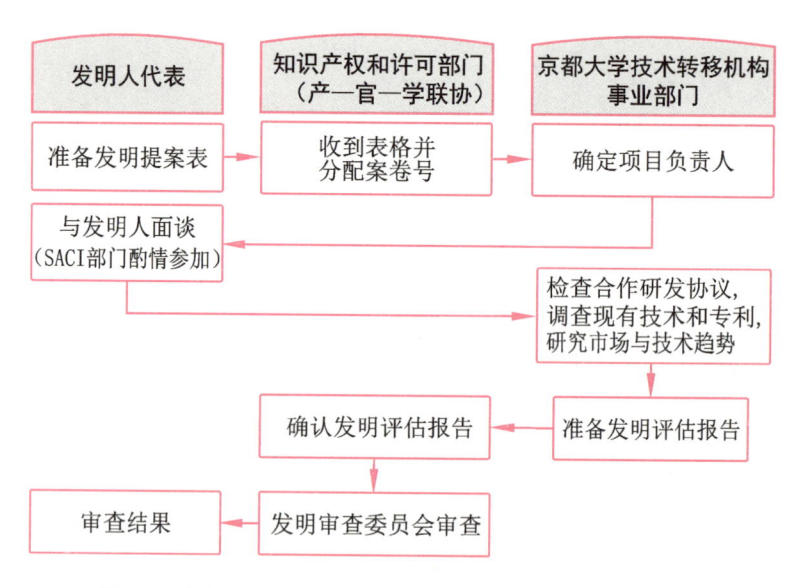

图 2-5 京都大学技术转移机构专利申请前评估流程示意图

2.3.4 小结

总体来看，国外高校专利申请前评估工作主要由技术转移机构承担。迄今至少有二十几个国家借鉴美国《拜杜法案》建立了本国关于政府资助项目的成果运营制度，保障科技创新、技术转移与成果转化，如加拿大、日本、德国、丹麦、法国、奥地利、英国、挪威、爱尔兰、西班牙、芬兰、意大利、俄罗斯、印度、中国、马来西亚、菲律宾、新加坡、韩国、巴西和南非等。尽管众多国家的相关法案本身并未涉及技术转移机构建设或者强制进行专利申请等，但毫无例外地都激发了大学系统性地对专利申请和授权许可活动进行管理，技术转移机构已成为世界上各个国家的高校开展科技成果转移转化的主要机构，并主导开展高校专利申请前评估工作。技术转移机构工作的目的是基于发明人提供的发明披露表对发明进行评估，筛选出有可能进入商业化通道的技术。根据世界知识产权组织（World Intellectual Property Organization，WIPO）描述，技术转移机构决定哪些发明申请专利、在哪里申请专利及何时申请专利。技术转移机构最具挑战性的职责之一是决定是否将大学资金用于申请专利。

鉴于我国高校知识产权管理的现状，国内不能照搬国外高校专利申请前评估的模式与方法，但国外的一些理念与做法值得国内借鉴。一是评估的目的，应以提升专利质量、促进转化运用为目标导向。二是发明披露的必要性，这是专利申请前评估的重要依据之一。三是评估工作的具体操作，应当建立科学有效的评估标准和规范流程，由专门的评估机构依据发明披露原始材料，按流程操作执行。四是评估的内容与指标，借鉴国外高水平大学的经验，可以重点从市场和技术两个维度出发，构建具体的评估指标体系。五是评估的结果，可以给出不同的处理方式，若建议申请专利，确定是立即申请还是择机申请；若暂不建议申请专利，是以其他方式进行技术保护还是培育后再申请，与其他专利组合申请还是分解成多个专利进行申请，等等。

2.4　中国高校专利申请前评估的难点

2.4.1　评估体系建立不易

高校专利申请前评估涉及知识产权管理机构、科研团队、评估服务机构等多方的对接，影响多方利益，为促使各方紧密沟通、互相配合，共同做好专利申请前评估，需要形成一套完整的体系并做出规划。而各方对高校专利申请前评估持不同的态度，这是影响专利申请前评估体系建立的重要因素。

从国家层面来看，开展专利申请前评估有利于整体上提高科研创新水平，通过发挥科技成果评价的作用，更好地促进科技与经济社会发展更加紧密结合，加快推动科技成果转化为现实生产力，维护国家对核心技术的统治力，因此国家提出要建立专利申请前评估制度，并积极推出多项政策给予支持和引导。

从学校层面来看，专利申请前评估确实可以提升学校科研创新水平和专利申请质量，但专利申请量的减少可能对学校的科研水平和综合实力的形式表现有一定影响。同时，虽然一直强调要"重转化轻申请"，但是在实际工作中还需要一个过程，目前还有很多高校在考核机制、评价体系中将专利申请与授权作为参考。由于国内专利申请前评估工作才起步，一般高校对此项工作缺乏了解，同时也不确定国家相关部门对开展这项工作的决心，加上实施该项工作有一定难度，所以学校缺乏开展这项工作的动力，大多数持观望态度。

从科研团队来看，高校专利申请前评估能为科研项目的开展提供一定帮助，专利分析结果对项目立项、技术研发等都有积极影响，但同时也提高了科研项目结题的门槛，给科研项目结题增加了难度，如果没有机制的约束和利益的驱动，专利申请前评估不一定能得到科研团队的主动配合。当然，也有部分科研团队对发明创造申请专利的授权及后续可能带来的经济效益比较乐观，他们希望通过评估增加授权筹码，并将评估结果作为后续转化中谈判的依据。

就评估服务机构而言，不同业务性质的机构对高校专利申请前评估的态度会有所不同。如专利代理机构，大多数以成功代理专利为盈利目标，如果将专利布局的完整性列入评估内容，不仅增加了这类机构的工作量，同时专利申请的数量也可能减少，会影响其收益。因此，除非改变盈利模式，否则代理机构也不是专利申请前评估政策的支持者。业内有人反对专利代理机构从事高校专利申请前评估工作，而实际上，专利代理机构有大批专业的专利代理师，有一定的学科背景和较强的专利分析能力，可以积极引导他们参与到这项工作中来。通过评估工作，还可以促进专利代理师业务能力的提升，形成积极的正循环。其他的评估服务机构，如目前大批高校建立的知识产权信息服务中心和社会科技信息公司，参与学校的专利申请前评估不仅是它们的职责之一，同时也是其新的业务和利润增长点，它们有动力积极筹划投身此项工作。

平衡各方面的利益，以促进高校专利质量提升为原则，制定切实可行的高校专利申请前评估制度与体系，是当前高校的当务之急。

2.4.2 评估客体数量大

高校作为我国科技创新的源头，一直是我国科研工作的主要参与方，是我国实施自主知识产权战略的重要力量。近年来，我国大专院校的专利申请量增加明显，在全国专利申请总量中的占比逐年增加。通过检索发现，近3年来，中国每年申请专利数量在 1000 件以上的高校超过 70 所，每年申请专利数量在 500 件以上的高校有 200 所左右，而国外高校每年申请专利数量在 500 件以上的很少。以 2019 年申请量为例，中国申请量排名前十的高校，年申请量均超过 3000 件；而国外申请量排名前十的高校中，美国加利福尼亚大学最多，为 2019 件，超过 500 件的只有 5 所高校。具体如表 2-4 所示。[①]

表 2-4　2019 年专利申请量排名前十的中外高校

排名	中国高校	申请量/件	国外高校	申请量/件
1	浙江大学	5197	美国加利福尼亚大学	2019
2	天津大学	4891	美国麻省理工学院	938
3	华南理工大学	4264	美国得克萨斯大学	912
4	清华大学	4197	美国斯坦福大学	704
5	吉林大学	4035	印度拉夫里科技大学	529
6	南京林业大学	4004	韩国首尔大学	463
7	浙江工业大学	3612	美国宾夕法尼亚大学	455
8	东南大学	3589	美国密歇根大学	439
9	西安交通大学	3409	美国约翰霍普金斯大学	428
10	广东工业大学	3289	日本大阪大学	427

从表 2-4 中可以看出中外高校专利申请量上的巨大差别，这种局面的形成，与中国国情、高校的科研评价体系、知识产权管理制度等都有很大的关系。国外高校在专利申请前的评估中，普遍重视专利是否有转化价值。相比之下，国内高校近几年才开始重视专利成果的转移转化，各级政府也开始制定相关政策给予激励，倡导"重转化轻申请"，但短期内还难以改变各高校专利申请量大这一局面。中国高校的知识产权管理人员本来就缺乏，面对如此量大的评估客体，要将评估工作顺利开展起来，不是一蹴而就的事，需要较长的时间来实践探索。

2.4.3　评估对象多学科、多领域

2021 年 2 月，教育部发布《关于公布 2020 年度普通高等学校的本科专业

---

① 数据来源于智慧芽专利检索与分析平台检索结果，检索时间为 2021 年 9 月 10 日。

备案和审批结果的通知》，对普通高等学校的本科专业目录进行了更新，通过整理得出，目前我国大学的全部专业可以分为 12 个门类，分别是：哲学、经济学、法学、教育学、文学、历史学、理学、工学、农学、医学、管理学、艺术学，下面又分为 740 个本科专业，可见高校的教学与研究工作呈现多学科、多领域的特点。而高校专利申请一般产出于研究过程中，其呈现出与研究工作相一致的特点。特别是在当代高校研究性、综合性日趋增强的趋势下，多学科、多领域且交叉研究渗透的特点愈发明显，即使是同一件专利的申请，所涉及的 IPC 分类号也可能涉及多个部。因此开展高校专利申请前评估，必然会面临领域多样化、学科交叉性强的难题。以华中科技大学 2020 年的专利申请为例，其涉及 100 多个细分领域（图 2-6）。

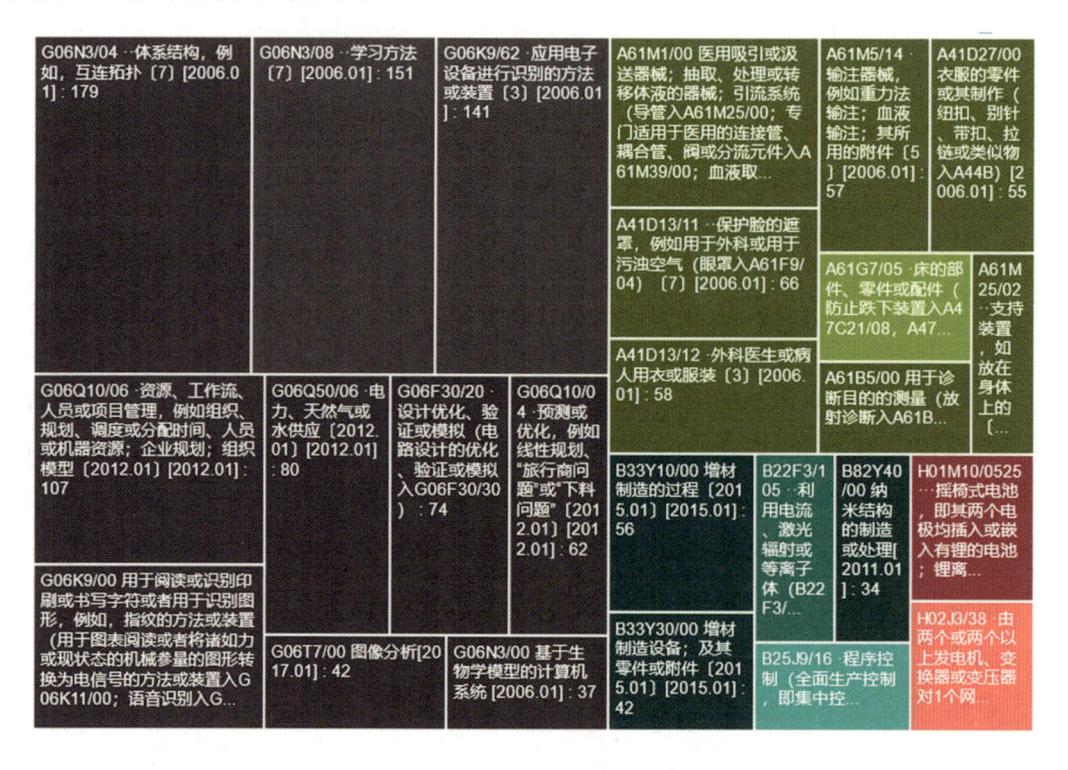

图 2-6 华中科技大学 2020 年专利申请涉及技术领域

同时，高校科研既包括基础研究也包括应用研究，在不同的学科领域下，研究目的、项目来源及科研成果的需求各不相同，对知识产权的诉求存在差异。如何在专利申请前评估流程中兼顾不同学科不同需求的申请，保障流程一致性是对高校专利申请前工作的重大挑战。

2.4.4 评估标准与方法难确定

专利申请前评估是近两年才提出的概念，虽然有一些国外的案例可作为参考，但是毕竟国情不同，如何针对中国高校大量的专利申请开展评估工作，是摆在知识产权工作者面前的一个难题。

(1) 评估的可操作性有待提高。《若干意见》要求高校"明确评估机构与流程、费用分担与奖励等事项，对拟申请专利的技术进行评估，以决定是否申请专利，切实提升专利申请质量"，从这里可以看出，专利申请前评估的目标是提升专利申请质量，评估的结果是"决定是否申请专利"。那么，申请专利与否的依据和原则是什么？有什么评估标准？根据《若干意见》，评估是为了提升高等学校专利质量，促进转化运用，落脚点在转化运用上，因此有观点认为，专利申请前的评估，要以识别、确认潜在商业技术为目标。那么，采用什么样的评估工具与评估方法，可以筛选出可能实现转化的技术？公开发表的相关文献显示，目前对专利申请前评估进行的研究大多是谈国外相关工作的开展情况以及对国内的启示，也有人对评估工作体系和评估内容进行了探讨，但从总体上看，国内对评估的依据与原则、评估标准、评估工具、评估方法等都还没有系统的研究，因此缺乏客观公认的准则，这对评估工作的开展和操作提出了挑战。

(2) 对发明创造价值的评估不好把握。专利申请前评估，最核心的应该是发明创造技术价值和市场价值的评估。对专利价值的评估，国内开展了大量的研究，主要针对的是已经获得专利保护的技术，主要评价维度包含专利的技术价值、法律价值和市场价值，研究热点主要集中在专利价值评估指标体系、专利价值评估方法等方面。相对于已经获得专利保护的技术而言，对还未申请专利的技术进行价值评估显然有更大的难度，因为其缺少法律价值方面的多个指标，同时技术价值和市场价值方面的诸多指标也都不好把握。一方面，科技创新和技术发明处于领域的前沿，对该领域发明创造的新颖性、创造性和实用性的判断有一定的难度。另一方面，技术的创新性与市场价值不一定是绝对统一的，根据专利审查标准来看，不具备重复再现性的技术往往不具备市场应用价值，实际中却存在一些从专利法角度看不具备实用性但其实具备一定的应用价值的情况。同时，专利申请前技术的市场价值是潜在的、预估的，主要以现有同类技术的市场价值作为参考，难免出现偏差。

2.4.5 评估人才缺乏

要做好专利申请前评估，评估人才队伍建设是非常重要的一环。国外大学的知识产权管理人员大多是复合型人才，既拥有本领域的技术背景，又拥有知识产权、经济管理或投资等方面的专业知识。每个机构人员的数量一般超过30人，有丰富的从业经历，实务能力强，他们能深入高校研究开发第一线，发掘可转移的有价值技术，并进行价值评估、市场分析和许可谈判等，将专利申请前评估和专利转化结合得相当紧密。

而中国高校还没有组成相关的专业机构和队伍，专门从事知识产权工作的高水平人才少，实际经验更少，尽管已经有高校开始扩大知识产权工作团队建设，但迫于经费、编制等原因，短期难以形成团队合力。调查表明，截至2020年年底，分别有44.2%和45.7%的高校建立了专职和兼职知识产权管理机构，还有10.1%的高校尚未建立知识产权管理机构。表2-5显示了截至2020年年底中国高校和科研单位知识产权专职及兼职管理人员数量分布情况。[①]

表2-5 中国高校及科研单位知识产权专职及兼职管理人员数量分布情况

专职人员数量	兼职人员数量						
	0	1~2人	3~4人	5~9人	10~19人	20~29人	30人以上
0	—	22.9%	6.4%	2.1%	0.4%	0.2%	0.2%
1~2人	8.5%	15.7%	5.7%	4.9%	2.6%	0.6%	0.8%
3~4人	3.0%	2.8%	1.3%	2.1%	2.4%	1.4%	0.7%
5~9人	1.1%	1.2%	1.3%	2.0%	2.7%	1.0%	1.1%
10~19人	0.6%	0.2%	0.1%	0.3%	0.8%	0.5%	0.6%
20~29人	0.1%	0	0	0	0.5%	0.2%	0.2%
30人以上	0	0	0	0.1%	0	0.2%	0.6%

注：有效数据量总计为1097，本表因小数取舍而产生的误差均未作配平处理。

从表2-5可以看出，大多数高校从事知识产权管理的专业人员一般在2人左右，如果参考国外的模式，由高校知识产权管理部门承担专利申请前评估的

---

① 国家知识产权局. 2020年中国专利调查报告[EB/OL]. (2021-04-28). https://www.cnipa.gov.cn/module/download/down.jsp? i_ID=158969&colID=88.

相关工作，很难实现。因此，规范高校知识产权管理、加强评估机构认证及专利评估人才培养刻不容缓。

2.4.6 评估效果验证困难

专利申请前评估，就是要通过评估确定评估对象是否要申请专利，那如何验证专利申请前评估的效果？评估结果是否客观公正且有效？是否真正提升了专利申请质量？这些都是评估工作需要考虑的重要问题。《若干意见》的提出是为了全面提升高校专利质量，强化高价值专利的创造、运用和管理，更好地发挥高校服务经济社会发展的重要作用，其基本原则之一为"突出转化导向"，强调要树立高校专利等科技成果只有转化才能实现创新价值、不转化是最大损失的理念。要验证评估结果是否客观有效，比较合理的指标有授权率和转化率，即验证通过评估是否能提高授权率和转化率。显然，根据中国专利制度的现状，要对评估结果进行验证并不容易。

一方面，专利审查周期长。随着专利申请量的持续增加，专利审查机制运行中出现了专利审查积压、专利审查时滞问题，专利审查周期受到了较大影响。2019年上半年，我国发明专利审查周期为22.7个月，高价值专利审查周期为20.5个月，实用新型审查周期为6.2个月，外观设计审查周期为4.0个月。为严格落实《关于深化知识产权领域"放管服"改革优化创新环境和营商环境的通知》，国家知识产权局提出，到2021年年底，要将发明专利审查周期压缩至18.5个月，其中高价值专利审查周期压缩至13.8个月。尽管国家一直在采取措施缩短专利审查周期，但是一件专利从申请到授权，至少需要1年，要验证评估是否有效果，至少也要1年。

另一方面，专利转化周期长。专利转化周期指专利申请到专利转化的时长，一件专利从申请到实现转化，大多要经过较长的一段时间。目前，没有相关文献整体上对中国高校专利的转化周期进行研究，少量的研究数据表明，高校专利平均转化周期超过3年。华中科技大学知识产权信息服务中心对湖北省高校的专利转化现状进行了研究，结果表明，多数高校的专利在第一年实现转化的占比都较低，在2年内实现转化的专利占比一般不超过30%，大多数高校70%的专利在5年内实现转化，有些高校超过40%的专利在5年以后才实现转化。因此，从是否发生转化的角度看，验证专利申请前评估的效果，需要很长一段时间。同时,专利是否能获得授权或实现转化,除了专利本身的质量问题和时间问题,还有许多其他的影响因素,如高校科技成果转化体制机制方面的障碍、中介服务机构水平等。

本章参考文献

[1] 雷朝滋.加快推动高校专利工作高质量发展[J].中国高等教育,2021(Z1):23-24.

[2] 张晓东,傅利英,于杨曜.高校科研人员专利意识调查研究[J].中国高校科技,2012(Z1):29-30.

[3] 傅利英,张晓东.高校科技创新中专利高申请量现象的反思和对策[J].科学学与科学技术管理,2011,32(3):122-128.

[4] 黎子辉.高校专利申请前评估工作体系的构建[J].中国高校科技,2021(Z1):107-111.

[5] 李夏溪,李海燕,邵雪梅.由专利申请动机浅析提升高校专利质量对策——以首都医科大学为例[J].医学教育管理,2020,6(6):615-619,600.

[6] 王子焉,刘文涛,倪渊,等.专利价值评估研究综述[J].科技管理研究,2019,39(16):181-190.

[7] 吕晓蓉.专利价值评估指标体系与专利技术质量评价实证研究[J].科技进步与对策,2014(20):113-115,116.

[8] ALLARD G,MINER J,RITTER D,et al. AUTM US Licensing Activity Survey:2020[EB/OL].(2021-08-04)[2021-08-18]. https://autm. net/surveys-and-tools/surveys/licensing-survey/2020-licensing-survey.

[9] NAKAYAMA Yasuo,HOSONO Mitsuaki,TOMIZAWA Hiroyuki. Comprehensive Survey on Patent Applications under the Japanese Version of the Bayh-Dole System(NISTEP DISCUSSION PAPER,No. 195)[EB/OL].(2021-06-28)[2021-09-08]. https://www. nistep. go. jp/archives/47679.

[10] HAMILTON C,PHILBIN S P. Knowledge Based View of University Tech Transfer-A Systematic Literature Review and Meta-Analysis[J]. Administrative Sciences,2020,10(3): 62.

[11] 王志强.研究型大学与美国国家创新系统的演进[M].北京:中国社会科学出版社,2014.

[12] 卢炳克.专利审查周期的影响因素研究[D].武汉:华中科技大学,2016.

[13] 姜南,刘星,马艺闻.中美区块链技术发明专利审查周期的对比研究[J].情报杂志,2020,39(9):65-72.

[14] 王立杰.用于高校教师科研能力评价体系的专利评价指标框架研究[J].情报探索,

2018(5):46-51.

[15] 胡冬艳.提升高校专利申请质量和促进专利转化的路径研究[J].创新创业理论研究与实践,2020,3(18):173-175.

[16] 宋金洋,王敦成.近五年高校专利转化情况分析与对策研究[J].科技经济导刊,2021(5):139-140.

[17] 邓莉娟.技术经纪人视角下促进高校科技成果转化的对策研究[J].科技经济导刊,2021(9):144-145.

[18] 宋河发,曲婉,王婷.国外主要科研机构和高校知识产权管理及其对我国的启示[J].中国科学院院刊,2013(4):450-460.

[19] 田海燕.高校专利申请前评估:中美差异及启示[J].创新科技,2021,21(3):49-56.

[20] 刘文婷,徐圆圆.发明专利审查周期模型设计及应用[J].中国科技信息,2020(18):15-16.

[21] 斯坦福大学官网,https://otl.stanford.edu.

[22] 京都大学官网,https://www.saci.kyoto-u.ac.jp/.

[23] 日本经济产业省官网,https://www.meti.go.jp/policy/innovation_corp/tlo.html.

[24] 欧洲专利局官网,https://www.epo.org/index.html.

[25] 中华人民共和国教育部官网,http://www.moe.gov.cn/.

[26] 中华人民共和国科学技术部官网,http://www.most.gov.cn/index.html.

[27] 国家知识产权局官网,http://www.cnipa.gov.cn/.

3 高校专利申请前评估机制

针对前面总结的高校专利申请前评估工作面临的困境,本章从建立评估机制的角度提出相应的建议,包括评估目标与对象、评估主体、人才队伍建设、国家和学校相应的保障机制等方面。

3.1 高校专利申请前评估目标和对象

《若干意见》提出"到 2022 年,涵盖专利导航与布局、专利申请与维护、专利转化运用等内容的高校知识产权全流程管理体系更加完善,并与高校科技创新体系、科技成果转移转化体系有机融合。到 2025 年,高校专利质量明显提升,专利运营能力显著增强,部分高校专利授权率和实施率达到世界一流高校水平"。可见高校专利申请前评估的目的是促进高校科技创新和成果转化,目标是提升高校专利质量,达到世界一流高校水平。

3.1.1 评估目标

《若干意见》指出高校专利申请前评估要对拟申请专利进行评估,以决定是否申请专利,切实提升专利申请质量,强化高价值专利的创造、运用和管理,其基本原则之一为"突出转化导向",强调"高校专利等科技成果只有转化才能实现创新价值"。《关于推动科研组织知识产权高质量发展的指导意见》中提出,要"坚持布局优先、质量取胜,围绕关键核心技术培育高价值专利组合,形成与科研组织创新能力、技术市场前景相匹配的知识产权战略布局"。《关于完善科技成果评价机制的指导意见》则明确提出"建立专利申请前评估制度，加大高质量专利转化应用绩效的评价权重，把企业专利战略布局纳入评价范围，杜绝简单以申请量、授权量为评价指标"。综合上述文件精神，高校专利申请前评估的主要目标体现在以下几方面。

（1）强化专利申请质量管理，切实提升专利质量

根据《若干意见》精神，高校专利申请前评估工作最基础的目标就是筛选可专利性发明，提高专利授权率；考察拟申请专利是否满足专利法所规定的新颖性、创造性和实用性要求，即是否满足法定的授权条件，公开是否充分，是否得到说明书支持，初步判断专利授权前景。通过申请前评估减少无效申请和低质量专利的数量，对不以保护创新为目的的非正常专利申请、权利要求保护范围不合理或无法授权的专利申请进行质量管理，提升专利的权利质量。

（2）实施专利战略布局，培育高价值专利组合

高校专利申请前评估通过对拟申请专利进行筛选分类，开展核心专利收储，研究专利规避策略，进行专利战略布局，以便实现有效的专利保护。围绕优势行业领域和战略性新兴产业遴选重点项目或优势研发团队，布局基础性专利、支撑性专利、延伸性专利、防御性专利等，形成合适的保护范围，对关键技术方案形成专利网的保护，减少或抑制有遗漏和不足的关键技术特征和技术方案。

（3）指导制定实施策略，助力专利运营管理

高校专利申请前评估通过对科技成果的科学价值、技术价值、市场价值等进行客观的评价，挖掘科技成果商业化、产业化的潜力与可行性，筛选可转化性发明，遴选出具备转化前景、商业可行性和市场投资回报率高的成果，争取科技成果转化的效益最大化。从技术、市场和法律的维度，由发明人、技术专家、专业人员等共同评估高校专利申请，并根据技术和市场发展动态来筛选和识别高价值专利，重点评估国家科技重大专项、战略性新兴产业专利，指导制定许可策略，提升转化效率，确保权利的稳定性。

3.1.2 评估对象

《关于推动科研组织知识产权高质量发展的指导意见》提出"制定职务科技成果专利申请前评估工作机制和流程"，"对于经评估认为适宜申请专利且技术创新水平较高、市场前景较好的职务科技成果，及时对接知识产权管理和运

营机构，重点做好专利布局规划和转化运用等工作。对于经评估认为适宜作为技术秘密进行保护的职务科技成果，做好相应的保护工作。专利申请评估后，科研组织决定不申请专利的职务科技成果，可与发明人订立书面合同，依照法定程序转让专利申请权或者专利权，允许发明人自行申请专利。对于因放弃申请专利而给科研组织带来损失的，相关责任人已履行勤勉尽责义务、未牟取非法利益的，可依法依规免除其放弃申请专利的决策责任"。根据国家相关文件，可以理解为，专利申请前评估对象主要为高校职务科技成果。

《中华人民共和国专利法（2020年修正）》（以下简称《专利法》）第六条明确规定："执行本单位的任务或者主要是利用本单位的物质技术条件所完成的发明创造为职务发明创造。"同时规定了职务发明创造的专利申请权和专利权原则上归属于发明人所在单位。值得注意的是，职务科技成果是否归属于发明人所在单位，需要看科研项目的主导方，职务科技成果是国家政府出资的，毫无疑义，专利申请权和专利权归国家或高校所有。但是，如果科研项目是由发明人所在单位或者发明人个人委托第三方进行的，发明创造成果往往由第三方所有或者学校与第三方共同所有。《专利法》同时规定"利用本单位的物质技术条件所完成的发明创造，单位与发明人或者设计人订有合同，对申请专利的权利和专利权的归属作出约定的，从其约定"。所以，即使是职务发明，但是否申请专利，是否需要进行申请前评估，需要权利归属方自行决定。《若干意见》明确指出"对于接受企业、其他社会组织委托项目形成的职务科技成果，允许合同相关方自主约定是否申请专利"。

高校非职务发明创造，专利申请权和专利权属于发明人或者设计人，是否开展申请前评估，取决于发明人或设计人对评估工作的认知和利益取舍。

综上所述，高校专利申请前评估的对象是国家政府出资的职务发明（制度规定）和发明人（自愿）委托的科技成果。更进一步，高校专利申请前评估的具体对象是国家政府出资的职务发明（制度规定）和发明人（自愿）委托的科技成果披露说明书、技术交底书或其他相关技术文件。

3.2 高校专利申请前评估的主体

3.2.1 评估主体的确定

专利权是知识产权的一种。根据《中华人民共和国民法典》的规定，知识产权是权利人依法就下列客体享有的专有的权利：（一）作品；（二）发明、实用新型、外观设计；（三）商标；（四）地理标志；（五）商业秘密；（六）集成电路布图设计；（七）植物新品种；（八）法律规定的其他客体。高校知识产权基本都与高校科研项目相联系，是否进行专利申请前评估或者由谁主导评估，取决于科研项目的知识产权归属。

由于高校科研管理工作的复杂性，高校专利申请前评估工作也需要面对不同的局面。整体上来说，专利申请前评估工作可以由高校知识产权管理机构、科研团队、评估服务机构、专利培育机构、专家团队及专利代理机构等多方参与，但根据高校科研项目的类别或经费来源的不同，也可以由不同的主体承担评估工作。属于高校或者由高校代表国家行使科研管理、应用、交易等工作的科研项目，项目的主体是学校科研管理机构，所以专利申请前评估也应该由高校知识产权管理机构主导，并选择有资质、有能力的评估服务机构，共同完成评估工作。不属于高校主导的科研项目，如由国家某些机构主导，多个机构参加，或者在科研招标立项中即已明确成果归属的科研项目，以及社会单位委托的科研项目，其主导权不在学校，是否开展专利申请前评估，由谁来评估，则由科研团队决定。专利质量与科研团队（发明人）的利益攸关，是否公开、放弃，是否寻求实施或选择哪家机构实施，都由科研团队决定，因此，无论是否为高校主导的科研项目，科研团队都是专利申请前评估的主体之一。

3.2.2 高校职务发明评估的主体

对于一般意义上的高校职务发明来说，其专利申请前评估工作可以由高校知识产权管理机构、科研团队（发明人）及评估服务机构共同承担。具体如图

3-1 所示。

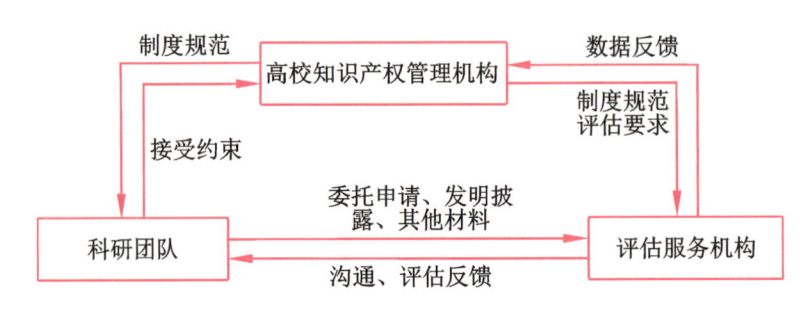

图 3-1　高校职务发明申请前评估主体

（1）高校知识产权管理机构负责制定专利申请前评估政策，提出专利申请前评估要求，对科研团队的专利申请前评估给予指导和约束。

有些高校知识产权管理工作由科研处承担，多数高校则设置了独立的技术转移部门，负责学校科技成果转化类项目的管理与服务。技术转移部门内设成果转化工作办公室，主要职能包括但不限于负责落实国家科技合作、科技成果转化和知识产权管理服务等有关政策，拟定学校相关工作规划和规章制度并组织实施；负责知识产权的申请维护工作，专利、软件著作权、专有技术等科技成果的转移转化工作。

考虑到我国高校开展专利申请前评估工作的经验较少，专业化机构和人才队伍尚有不足，《若干意见》专门指出"评估工作可由本校知识产权管理部门（技术转移部门）或委托市场化机构开展"。但值得讨论的是，"运动员"与"裁判员"的角色应该有所区分，评估工作由本校知识产权管理部门开展，在制度上存在不够公正与客观的疑虑。因此，高校知识产权管理机构作为评估主体之一，主要是负责相关政策的制定，提出具体的评估要求，以对科研团队专利申请前评估给予指导和约束，其并不对专利实施具体的评估。

（2）科研团队是专利申请前评估的直接责任人，受知识产权管理机构的指导，在提交了评估委托书后与评估服务机构形成委托关系。

科研团队向评估服务机构提交评估委托书、发明披露表、技术交底书等相关材料，在评估服务机构受理评估委托之后，负责与评估服务机构就技术细节等方面进行沟通，如果评估服务机构认为提交的材料不完整，则需要及时补充材料。

（3）评估服务机构为学校知识产权信息服务部门，或者第三方知识产权服务机构，负责专利申请前评估工作的具体实施，包括受理科研团队的专利申请前评估委托、根据科研管理部门的规则进行评估、出具评估报告及必要时向知识产权管理部门提交评估数据等。

高校知识产权信息服务部门，主要是指高校知识产权信息服务中心。根据《高等学校知识产权管理规范》（GB/T 33251—2016）和《高校知识产权信息服务中心建设实施办法（修订）》，有条件的高校知识产权信息服务中心应该"为高校职务科技成果披露、专利申请前评估、重点实验室评估、前沿学科立项等工作提供服务支撑；参与高校产学研协同创新，协助高校知识产权的资产管理和运营，为高校科技成果转移转化的全过程提供嵌入式服务"。由高校知识产权信息服务中心承担具体的专利申请前评估工作，不仅是国家相关文件的要求，同时也有不少优势。首先，其代表学校的利益，对学校负责；其次，其代表学校维护国家的利益，对国家机密有保守的义务；再次，其依托图书馆丰富的资源，有能力开展专利申请前评估工作，能够更好地切合学校科研工作，特别是知识产权专员的派遣，使得全流程开展专利申请前评估工作得以落实；最后，当高校知识产权信息服务部门不能全面完成各高校的专利申请前评估的时候，作为高校的职能部门，有监管第三方知识产权服务机构开展高校专利申请前评估的权利、责任和义务。

第三方知识产权服务机构主要有专利代理机构、咨询机构、律师事务所、技术交易机构、技术评估机构和科技金融机构等。对于这些机构是否适合参与高校专利申请前评估，应该进行机构资质论证。参与高校专利申请前评估工作，涉及国家信息安全，社会机构必须具备市场准入条件和国家相关部门的分级分类条件，在学校科研管理部门的监督下开展相关的工作。

现阶段，高校科研管理部门大多并不具备专利评估的能力，更加不可能自立项开始就介入专利评估工作。所以，高校专利申请前评估工作应该由高校知识产权信息服务部门或者委托第三方知识产权服务机构来具体实施操作。

3.2.3 参与评估人员

基于专利申请前评估的需求和实施分析，高校专利申请前评估主要包括以下参与人员：

（1）高校科研团队（发明人）。他们主要负责提供专利申请前评估所需技术和市场原始材料。发明人自评是专利申请前评估的一部分，发明人在发明披露表或技术交底书中阐述发明创造的新颖性、创造性和商业价值。

（2）高校科技管理人员。他们主要负责制定专利申请前评估的政策，并在科学研究的各个环节引入知识产权管理的要求和措施，组织开展专利申请前评估工作，为专利培育提供必备的资源配置，包括但不限于战略制定、经费保障，以及与创新主体的协调沟通等，他们既是专利申请前评估工作的决策者，也是专利申请前评估工作的考评者。

（3）技术专家、专利代理师和信息服务人员（知识产权分析师）。他们主要负责通过综合利用专利、技术和法律知识，协助学校确保专利申请质量，协助发明人以最佳的方式保护科技成果，并可为研发方向选择、专利布局、合作伙伴和竞争对手监控等提供建设性意见。他们具备专业的专利相关知识和实务技能，在法律法规和政策的规范约束下，根据科研人员所提供的材料，借助专家的咨询意见，对发明创造进行技术、市场、法律维度的评估。

（4）技术经理人。他们主要负责协助发明人将成果商业化。借鉴美国经验，技术经理人全程参与成果转化，包括发明披露、发明评估、专利申请、市场营销、签署许可协议等。鼓励高校积极探索技术经理人全程参与的科技成果转化服务模式。

在条件允许的高校，专利代理师、信息服务人员与技术经理人可能是不同的人员，而在更多高校，各种专业人员可能同时承担了这几种角色。

（5）咨询专家。他们是各个领域的专家，可以是高校院系技术人员，也可以是长期从事或熟悉知识产权工作、在所处领域具有较深造诣和突出成就的人员。

3.3 高校专利申请前评估的人才队伍建设

《关于推动科研组织知识产权高质量发展的指导意见》提出："建立结构合理、层次分明、有效衔接的人才培养体系，培养一批专业技术领域的知识产权领军和骨干人才。合理设置知识产权管理和运营岗位，提高知识产权专职人员数量和比例。在重大科研项目中配备知识产权专员，健全知识产权专员晋升、流动机制。引进具有国际视野的高水平知识产权人才，加强研发、管理等人员的培训，提升知识产权意识和能力。引进技术经理人、知识产权师和律师等开展知识产权运营工作。"高校知识产权人才不仅是具有获评知识产权师职称或具有专利代理师资格的工作人员，或具有国家知识产权局、教育部认可的其他有关证书的人员，还应广泛地包括从事科技成果分析、导向、创新、管理、运营、保护等工作的各类人才。

3.3.1 人才队伍的组成

专业化人才队伍是专利申请前评估工作的核心力量。有条件的高校应充分调动知识产权评估服务人才、知识产权行政管理人才、知识产权技术转移人才、技术经理人、科技创新人才、行业技术专家等各方资源，打造具有国际视野的，集知识产权和法律事务、检索分析、金融财会、许可营销、项目管理等知识于一体的复合型人才队伍。

（1）知识产权评估服务人才

高校知识产权评估服务人才主要指高校知识产权信息服务人员（集中在高校知识产权信息服务中心）和专利代理人。

《国家教育事业发展"十三五"规划》（国发〔2017〕4号）明确"支持高校图书馆建设知识产权信息服务中心，为促进高校创新提供服务"。《高校知识产权信息服务中心建设实施办法》指出，"知识产权信息中心为高校知识产权的创造、运用、保护和管理提供全流程的服务，支撑高校协同创新和优势学科建设，促进高校科技成果转化""知识产权信息中心一般设立在高校图书馆"。

每支高校国家知识产权信息服务工作团队要求人员在10名以上（含10名），其中5名以上（含5名）具备科技查新工作经验并接受过系统的知识产权信息培训，从事过3年以上知识产权信息服务的人员不少于2人，具有高级专业技术职称的不少于2人，具有本校优势学科专业背景的人员不少于2人。截至2021年9月，国内已批准设立80家高校国家知识产权信息服务中心，也就是说国内高校图书馆至少有知识产权信息服务人员800人。各中心基本采取"专职＋兼职"的分工模式，目前这支队伍集聚了高校知识产权信息服务领域较高水平的人才，人员基本上接受过信息服务基础培训，具备一定的科技查新、专利服务、情报分析、学科服务等工作能力。

从事专利代理的专利代理人，具备理工科专业背景，有一定的科研能力，兼备知识产权和法律知识，在专利价值评估方面具有天然的优势。相对来说，高校的专利代理人人数较少。2019年，中国每万名科研人员中，只有42名专利代理人，专门服务高校的专利代理人员更少。

完整的专利申请前评估服务团队应该有全面的人才配备，以承担复杂的服务任务。从事专利申请前评估的人才应具备以下基础条件：①拥护中华人民共和国宪法，遵守国家法律法规；②具有三年以上与知识产权信息服务相关的工作经历；③具有本科（含）以上学历，中级（含）以上专业技术职称；④具备较高的外语水平；⑤具有良好的职业道德。具备以下交叉复合素质：①掌握专利领域的系统专业知识，有过硬的专利检索分析能力和专利分析实务经验；②有较高的科学素养和基础科研分析能力；③对高校的科研成果转化、知识产权管理相关工作规划和规章制度有全面的了解；④具有良好的沟通能力，能够与发明人及科研团队、高校知识产权管理机构的人员保持良好的互动；⑤能独立分析问题并推动解决问题。

（2）知识产权行政管理人才

高校分管知识产权工作的行政管理人员，一般隶属于主管学校科学研究和技术开发工作的职能部门（如科学技术发展研究院），主要工作包括：知识产权工作规划和规章制度的制定、产学研合作平台的管理服务、横向科技项目的全过程管理、知识产权的申请维护、科技成果的运营转化、知识产权代理及咨询服务等，是知识产权创新、管理、运用、保护的主要环节。

（3）知识产权技术转移人才

国外高校技术转移模式成功的关键就是具有一批精通技术、法律和市场的技术经理人。比如，明尼苏达大学就在网上公布了多项不同的技术供公司进行选择，公司可以就某些技术与技术经理人签订合作合同，可以进行项目试买，也可以进行项目快速许可。快速许可计划使得高校与企业之间的合作更加公开和便捷，提高了高校科技成果转化的实效。

现阶段，高校"技术经理人"多是在高校科研院所技术转移办公室、技术研究院从事技术转移工作的专业人员，承担高校科技成果的市场化和产业化任务。他们虽然与研发人员关系紧密，但是缺乏企业工作经验，对市场信息不够敏锐，对市场化运作了解较少。高校科技成果转化需要既掌握科技知识，又具有商业头脑的职业技术经理人。《若干意见》明确指出要"引入技术经理人全程参与高校发明披露、价值评估、专利申请与维护、技术推广、对接谈判等科技成果转移转化的全过程，促进专利转化运用"。一名合格的技术经理人需要有理工科的背景，具有知识产权方面的知识，要懂投资、营销、金融、工商管理。中高级技术经理人要有大型技术转移项目的策划、运筹和管理实施能力，相关要素资源的组织和整合能力。

（4）科技创新人才

高校科技创新人才指高校从事科技创新活动的师生，即成果创造者和发明人团队。他们是科技创新的主体，拥有扎实的专业知识，最了解项目研发背景、科技成果定位以及技术水平。他们对成果商业化的期望、对待专利申请前评估的态度以及与评估人员的配合，是顺利开展评估工作、提高工作效率的关键。

3.3.2 人才队伍建设举措

高校开展专利申请前评估，需要一支人员数量多、专业层次丰富、业务水平高、实践经验丰富的专业知识产权人才队伍作为保障，应该采取一系列措施加快专业化人才队伍建设。

（1）加快现有人才队伍的转型，按照专利申请前评估的需求，短期内开展专业技术培训，长期发展方向是将相关业务纳入专业课程，培养能力全面的专业人才。

现阶段，高校知识产权信息服务人才队伍基本上是从科技查新、情报分析、学科服务等专业队伍中分离出来的，科技查新人员是高校知识产权信息服务的主体。截至 2020 年年底，中国高校具有教育部科技查新资质的专职查新人员 915 人，兼职查新人员 875 人，审核员 474 人。此外，从事高校科技查新的人员，有些因为有自己独立的管理系统，并没有纳入教育部科技查新管理的范围，所以高校实际从事科技信息服务的人员数量应超过该统计数量。专利分析及评估工作有较高的业务要求和技术难度，特别是专利申请前评估，更是有它的特殊性，科技查新队伍可以作为高校专利评估人才队伍的基础，同时需要加大对高层次、高水平的优质知识产权信息服务人才的培养力度。

对于专利信息服务团队，可以按照需求进一步进行专业分工，分别开展专利分析实务、专利信息研究、专利信息工具研究及培训教育等工作，构建合理的知识产权人才队伍结构。

①短期内针对高校图书馆现有的具备科技查新、情报分析、学科服务工作经验的馆员，开展系统的知识产权、法务等专业技术培训，采取进修、深造等方式，培育专利评估服务的实战人才。

②支持高校知识产权学科专业体系建设，积极开展知识产权学历教育，鼓励开设专利实务课程；设立若干国家知识产权人才培养基地，以实践为导向，培养精通知识产权知识、法律和市场需求的专业人才。截至2020年年底，全国已设立50多家知识产权学院，共有93所高校开设知识产权本科专业，初步建立了复合型知识产权人才教育模式，保证从人才培养源头输出高质量的知识产权从业人才。值得一提的是，国内高校知识产权人才的培养，既要注重增强知识产权保护意识和运用专利申请技巧，同时还要加强专利管理和运营方面的实战经验培养。

(2) 增加高校知识产权管理人员的编制，重点是专利技术人员的编制，使专业人员的规模与实际需求相匹配。

高校要完善知识产权管理岗位的设置，支持高校自主设置技术转移转化系列技术类和管理类岗位，适当提高该类岗位在科学技术岗位中的数量和比例，具体实施过程中可参照"专职＋兼职"人员配备，集合高校专利管理人员、高校专利检索分析人员、兼职技术经理人、兼职知识产权专家、行业技术专家等专业团队。

高校可以给予知识产权信息服务中心一定的政策支持，允许中心招聘符合知识产权岗位职责需求的专业馆员，进而为知识产权信息服务提供人才储备。

(3) 尽快落实高校知识产权相关专业职称的评聘工作，鼓励教师兼职知识产权服务工作。

《国家知识产权局2021年工作要点》提出要"做好知识产权师职称制度改革实施工作"。国家知识产权局与人力资源和社会保障部于2015年在《中华人民共和国职业分类大典》的"经济和金融专业人员"类别中增加了"知识产权专业人员"小类，知识产权相关职业身份在国家层面正式得到了确立。2019年正式将知识产权专业纳入经济职称系列，初级、中级、副高级、正高级职称名称依次为助理知识产权师、知识产权师、高级知识产权师和正高级知识产权师。2021年8月20日印发的《北京市知识产权专业职称评价试行办法》中规定，知识产权专业职称包括知识产权服务、知识产权运营管理两个方向。高级知识产权师的基本条件是：系统掌握知识产权基础理论和专业技术知识，掌握国内外知识产权行业状况和发展趋势，掌握与知识产权相关的法律、法规或政策；对知识产权有比较深入的研究；具有培养和指导中级及以下职称专业技术人才的能力；认真履行工作职责，履职成效良好；有较高的行业认可度，取得了良好的社会效益，具有较强的社会影响力，以及至少2年的知识产权工作经验。

鼓励高校通过制度改革，提升知识产权服务、运营人员的待遇，健全技术转移转化人才职称评价制度和职称晋升机制。高校知识产权人才可依照职称申报条件提升自身素质，拓展知识产权专业技术人员职业发展通道。专业职称评价标准更加侧重成果转移转化实绩，增强专业人才的职业归属感。推动建立技术经纪职称专业高层次专家库，助推高校专利评价工作。

同时，高校可以制定激励政策，完善绩效评价指标，鼓励教师兼职知识产权信息服务工作。

（4）专业化机构与人才队伍的统一建设，高校要建立或者明确专业化专利评估机构，将人才队伍建设与机构建设结合起来。

依托高校、科研院所，建设一批集专业化技术转移与知识产权管理运营于一体的机构，培养造就一支既熟悉技术研发与专业背景，又熟悉产业发展与市场需求，并且懂市场、投资管理、法务知识的专业队伍，推动专利技术的咨询、研发、对接、转让等向高水平发展。对于条件欠缺的高校，可通过招标的方式遴选合适的市场化服务机构负责专利申请前的评估工作，并由学校知识产权信息服务部门进行监督。

（5）由国家相关机构或者委托高校相关研究机构开展相关人才的培训，并由国家相关机构予以资质认可。

由人力资源和社会保障部、知识产权局负责，联合教育部、科技部等相关部门，依托实施专业技术人才知识更新工程，加大对高校知识产权领域专业技术人才培养培训工作的支持力度。支持在高校内部培训专业人员进行专利申请前评估工作，培训掌握专业评估方法和操作流程的评估师或技术经理人。

3.4 高校专利申请前评估的保障机制

高校专利申请前评估是一项复杂的工作，需要参与各方的共同努力才能完成，国家和学校都应该制定相应的措施，激励科研团队和相关服务机构积极参与到此项工作中来，保障高校专利申请前评估工作机制的建立。

3.4.1 加强国家政策指导

3.4.1.1 提高科研立项要求

专利是科研创新成果的体现，随着高校科技项目的增加，专利申请无疑也会随之增多。图 3-2 显示了 2011—2020 年来我国高等学校科技项目的情况[①]，从中可以看出，高校科技项目数逐年增加，2011—2020 年间翻了一倍；2019、2020 年增长率均超过了 10%。

图 3-2　2011—2020 年我国高等学校科技项目情况

高校专利申请前评估的主要目标是要从整体上提升专利申请质量。提高专利质量，首先就要从源头上提高科研项目立项的要求，确保科研立项的创新性、科学性、必要性、前瞻性及紧迫性。创新不仅是发展科学技术的主导形

---

① 数据根据中华人民共和国教育部各年《高等学校科技统计资料汇编》整理。

式，也是提高综合国力和国际竞争力的重要决定因素。面对我国创新驱动发展战略形势，在科技立项评审时，首先要重点考察拟立项项目的创新性，包括研究内容的创新和研究方法的创新，要综合考察该研究在国内外科技领域所处的位置。特别对于应用性项目和重大科技项目，要重点考察拟立项项目的最终成果在工艺、技术、方法等方面的创新价值，是否能形成自主知识产权，以及成果实现产业化的概率和可能带来的经济与社会效益，切实通过科技立项提高我国的科技创新能力和创新水平。同时，针对科技成果转化率低下这一现象，在科技立项评审时，应着重以提高经济效益的整体目标为立项指标，以更好地发挥科技在经济建设中的作用。

提高立项要求，不仅能保证科技项目质量，减少科研经费浪费，同时也能减少低技术含量的专利申请，减轻高校专利申请前评估工作量，更有利于专利申请前评估工作的推广与全面开展。

3.4.1.2 调整专利收费制度

专利收费制度是专利制度的重要组成部分，在调节专利制度运行方面有重要的经济杠杆作用，合理的专利收费制度对创新具有积极影响。针对高校专利权人对专利收费金额调整的看法，调查显示，47.4%的专利权人对"适当提高专利申请阶段费用能够相对减少专利申请数量，缩短专利审查周期"表示认可，51.5%的专利权人对"适当提高专利申请阶段费用能够减少低质量专利申请数量"表示认可，44.2%的专利权人对"适当提高专利申请阶段费用有利于提高专利申请质量"表示认可，均比不认可上述表述的专利权人高10个以上百分点。具体如表3-1所示。[①]

表 3-1　高校专利权人对专利收费金额调整的看法　　　　　　　　（单位：%）

观点	同意	不同意	不确定	总体
适当提高专利申请阶段费用能够减少低质量专利申请数量	51.5	30.3	18.2	100.0
适当提高专利申请阶段费用有利于提高专利申请质量	44.2	32.4	23.4	100.0
适当提高专利申请阶段费用能够相对减少专利申请数量，缩短专利审查周期	47.4	31.8	20.8	100.0

---

① 国家知识产权局.2020年中国专利调查报告［EB/OL］.（2021-04-28）.https://www.cnipa.gov.cn/module/download/down.jsp?i_ID=158969&colID=88.

从调查结果看，专利费用可以看作是筛选高质量发明申请的一种机制，适当增加专利申请阶段费用可以抑制部分低质量发明申请，提高专利申请质量，而这正是专利申请前评估的主要目标所在。同时，对于已通过专利申请前评估后提交的专利申请，在后续专利申请过程中适当减少相应的审查环节和降低审查费用，可以避免因为评估工作增加高校及发明人的经济负担。因此，调整专利收费制度，是支持专利申请前评估工作的重要保障措施。

3.4.1.3　制定评估指导规范

从政府层面上，除了从政策上提倡高校开展专利申请前评估外，还应有相应的激励政策和配套的制度安排，特别是应该在广泛调研的基础上，尽快出台高校专利申请前评估的指导规范，引导各高校制定出适应本校特点与需求的专利申请前评估办法。指导规范应当包括评估原则、评估对象与评估主体、可采纳的评估指标、具体的评估流程与评估方法以及评估结果利用，等等。同时，建议国家教育部门在高校设立相关专业，国家知识产权管理部门牵头开发相关工具软件，使评估工作有序、有依、有效开展。

3.4.1.4　出台机构评级办法

自《若干意见》等政策文件出台以来，有部分高校已经开始了专利申请前评估工作的尝试，但各校具体的工作模式、评估内容差异较大，不利于专利申请前评估工作的标准化和推广。同时，由于评估服务机构良莠不齐，对国家安全有一定的隐患。在一套相对成熟、可操作的专利申请前评估方案的基础上，建立评估服务机构评级制度，有利于高校专利申请前评估工作稳步实践与推广。建议教育部或国家知识产权局出台评估服务机构考核评级办法，指定具体的部门执行，并对机构准入标准、评级内容、评级程序、评级时间和要提交的材料等做出相应的规定。每年评出一些示范机构，将其实施方案整理成典型案例，在全国范围内进行宣传推广，为其他高校专利申请前评估提供借鉴与参考。

3.4.2　完善学校管理制度

3.4.2.1　重构高校知识产权管理流程

《若干意见》对高校专利申请前评估制度建设给出了指导性意见，明确了经评估后不同评审结果的处置办法。其中，对于高校决定申请专利的职务科技成果，在明确高校与发明人专利费用分担和转化收益分配的前提下，一般按照正常专利申请流程执行。对于如何处理高校决定不申请专利的职务科技成果，在当前的高校知识产权管理流程中有显著变化，具体要求是：高校要与发明人订立书面合同，依照法定程序转让专利申请权或者专利权，允许发明人自行申请专利，获得授权后专利权归发明人所有，专利费用由发明人承担，专利转化取得的收益，扣除专利申请、运维费用等成本后，发明人根据约定比例向高校交纳收益。

随着高校专利申请前评估制度的建立，高校知识产权管理流程也将发生根本性改变。各高校领导部门应该重新审视本校的知识产权管理，将专利申请前评估纳入高校知识产权管理流程中，要根据国家相关规定尽快出台本校专利申请前评估办法，明确评估对象、具体的评估要求及实施机构与人员，并落实相关经费。高校专利申请前评估制度下的知识产权管理流程框架如图3-3所示。

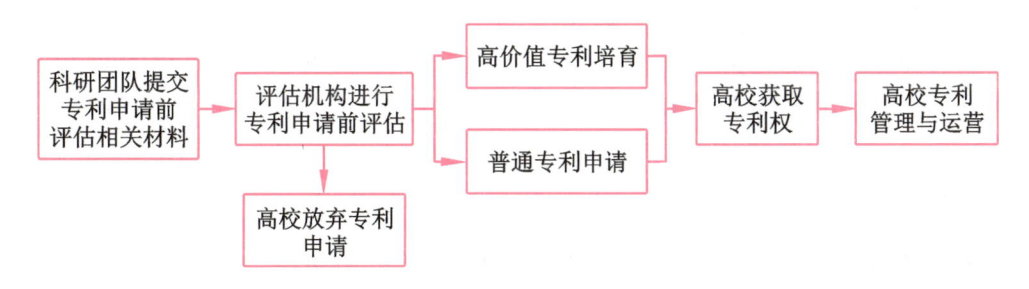

图 3-3　高校专利申请前评估制度下的知识产权管理流程框架

3.4.2.2　明确专利申请前评估经费方案

根据2017年的统计数据，有60所高校的科技项目超过2000项，科技项目在3000项以上的高校有33所，有5所高校的科技项目在8000项以上，甚至有1所高校的科技项目达到了11130项。[①] 高校开展专利申请前评估是一项重大举措，对于科研项目较多的学校来说，开展评估工作就意味着需要较大的经费投入。如果完全由学校承担，无疑是巨大的经济负担；如果将这项费用单纯转嫁到科研团队，无疑会打击发明人参与评估工作的积极性，从而制约高校此项工作的全面开展；如果强制性地减少相关服务机构（比如知识产权信息服务中心

---

① 中华人民共和国教育部. 2017年高等学校科技统计汇编[EB/OL]. (2018-05-22). http://www.moe.gov.cn/s78/A16/A16_tjdc/201805/t20180522_336767.html.

等）的服务费用，一定程度上也会影响服务机构参与的热情和服务质量。《若干意见》提出了费用分担的设想，各高校应该因地制宜，制定出一套适合自己学校实际的具体方案来，给予评估经费以支持。如设置学校及院系专利申请前评估专项经费，与专利代理机构建立合作关系，从而降低专利申请成本，学校补一点、团队拿一点等，引导发明人正确认识专利申请前评估，鼓励服务机构积极参与评估，通过多种方式从经济上支撑高校专利申请前评估工作的开展。当然，随着专利质量的提升，专利转化率不断提高，政府将获得税收和产业技术升级，学校获得管理收入，科研团队也得到了科研成果转化奖励，投入的资金都可以得到回报。

3.4.2.3　改革职称评审办法

对高校来说，人才评价最直接的体现是员工职称评定。2020年10月，国务院出台《深化新时代教育评价改革总体方案》，对改革教育评价、完善教师评价、破除"五唯"倾向等提出了明确要求。2020年12月，国家人力资源和社会保障部与教育部联合印发《关于深化高等学校教师职称制度改革的指导意见》，明确提出，要克服唯论文、唯帽子、唯学历、唯奖项、唯项目等倾向，规范学术论文指标的使用，论文发表数量和引用情况、期刊影响因子等仅作为评价参考，核心是评价研究本身的创新水平和科学价值。

专利是科技创新的成果，专利成果实现转化是创新水平和价值较为直接的体现。在国家政策的引导下，有些省份做出了迅速响应，在职称评审中加大了成果转化的比重。比如，2021年5月，浙江省人力资源和社会保障厅发布了《浙江省高层次创新型人才职称"直通车"评审办法（征求意见稿）》，征求公众意见。该办法规定"主持且获得授权发明专利4项以上，并实施转化，取得显著的经济和社会效益"可直接申报正高级职称。[①] 该政策比较明确地突出了专利价值在职称评审中的权重。各高校可以在政策的指导下，尽快拿出符合本校特点的职称评审办法，进一步明确并树立职称评审的"非学术标准"，将专利成果转化纳入评价范围，如转化专利数量、转化金额、产业化效益等，从而强化对学术成果社会影响的评价，引导高校教师服务社会，真正落实创新引领

---

① 浙江省人力资源和社会保障厅．关于公开征求《浙江省高层次创新型人才职称"直通车"评审办法（征求意见稿）》意见的公告［EB/OL］．(2021-05-20)［2021-09-28］．http://rlsbt.zj.gov.cn/art/2021/5/20/art_1229116948_58923577.html.

经济社会发展。对专利成果转化的重视，必将引起科研人员对提升专利质量的重视，专利申请前评估工作也会得到更多科研工作者的支持。

3.4.2.4 完善专利成果转化奖励分配机制

专利转化一直是中国科技创新链条中相对薄弱的环节，为了提高专利转化率，从中央到地方先后出台了一系列配套政策，加大激励力度，以调动科研人员转化成果的积极性。2015年修订的《促进科技成果转化法》将科技人员奖酬金提取比例的下限从20%提高到了50%，在国家政策的指导下，不少省级政府明确将成果转化奖酬金提取比例的下限提高至80%，有的甚至达到90%以上。专利转化奖励比例越高，转化效果是否越好呢？有研究表明，制定更高奖酬金提取比例的省份，其高校科技成果转化绩效只是略好于其他省份，并没有出现更好的效果。

专利成果转化是一个系统工程，参与者不光有从事科学研究的科研团队，还有开展成果转化的服务团队，只有利益均衡和各方共赢的奖励，才能最大限度地激励参与各方的积极性，真正提升成果转化率。国外高校和科研院所对于科技成果转化的奖励一般采用"333"分配模式，即1/3奖励发明团队，1/3奖励院系供其开展后续研究，1/3奖励技术转移机构或技术经理人。也有的采用"442"分配模式，即将成果转化净收益的40%奖励给科研人员，40%奖励给高校和科研院所开展科学研究，20%奖励给技术转移机构供其管理运营。北京理工大学采用了"7111"的科技成果转化奖励分配模式，即成果转化净收益的70%奖励给科研团队，学校、学院和技术转移公司各留10%用于支持科研和成果转化工作。[①] 各高校可以根据自己的特点，制定出符合本单位利益的成果转化奖励分配机制，充分调动各方积极参与到专利成果转化工作中来。对专利成果转化的重视，势必引起对专利申请前评估的重视，从而真正把该项工作做起来，以评估促转化。

---

① 光明网.科技成果转化奖励并非"多多益善"[EB/OL].(2021-06-16)[2021-08-29].https://m.gmw.cn/baijia/2021-06/16/34925216.html.

3.5 高校专利的分级制度

3.5.1 高校专利分级概述

3.5.1.1 政策背景

专利资产分级分类是高校专利管理和运营的基础工作之一，近年来国内知识产权管理部门积极推动高校开展专利分级分类工作。2014年10月，辽宁省知识产权局在大连理工大学举办辽宁省高等院校专利价值分析及分级分类工作研讨会，提出用价值分析的方法对有效专利进行系统全面的梳理，探索高校专利分级分类管理机制。2015年6月，国家知识产权局在辽宁大连举办全国高校专利管理培训班，为高校知识产权管理部门、技术转移部门、产业管理部门负责人开展专利价值分析指标体系、专利分级分类管理培训。2017年1月1日，《高等学校知识产权管理规范》（GB/T 33251—2016）正式施行，其在"知识产权运用"环节明确要求，建立专利分级管理机制，形成分级清单，确定不同级别知识产权的处置方式与状态控制措施。2020年2月，国家知识产权局、教育部在《国家知识产权试点示范高校建设工作方案（试行）》中进一步提出试点示范高校要"以知识产权分级分类管理优化存量""建立效益导向的知识产权分级分类管理机制。对知识产权质量、技术先进性、市场应用前景等方面进行综合分析和评估，形成分级分类的知识产权清单，并予以分级分类管理"。

部分先行省市还进一步要求高校将专利分级分类与成果转移转化工作结合起来。如陕西省在《专利转化专项计划实施方案（2021—2023年）》（陕知发〔2021〕17号）中提出：推广高校专利分级分类管理工作，识别筛查可资利用的"沉睡专利"，优化存量；支持高校院所、国有企业对本单位专利从技术先进性、市场应用前景、稳定性等方面进行综合分析和评估，形成分级分类的专利清单，制定转让目录。

3.5.1.2 分级需求

高校是科技创新主力军之一，拥有海量科技成果，专利是科技成果的重要载体。随着《促进科技成果转化法（2015年修订）》等政策的进一步落地和实施，专利运营成为高校科技成果转移转化的主要形式之一。高校开展专利运营的首要工作是对学校数量庞大、质量良莠不齐、价值高低不一的专利资产进行分级分类，以便分类施策，实现高效管理和精准运营。

专利资产包括已经获得授权的专利，以及尚未获得授权的专利申请。高校专利资产殷实，截至2021年8月，国内高校已申请专利超过331万件，有效专利118万件，在审发明专利申请72万件，62所高校专利申请量超过1万件。[①] 当前，大多数高校科研管理部门及成果转移转化部门主要关注专利转让、许可和作价入股等具体运营方式的合规把关，对专利资产仍处于粗放式管理阶段，尚未建立分级管理与运营机制，管理和运营工作存在一定的盲目性和随意性。如因缺乏有效管理，由发明人决定专利是否维持，不少优质专利因维持不当而失效；因不能有效区分和分类处理高低价值不同的专利，对高价值专利缺乏布局优化，对高价值专利所代表的高价值技术的研发也缺乏持续投入，未能有效推动技术成熟和产业化。因此，庞大的专利资产需要科学、合理的分级管理方法，通过有效的分类评级，为专利资产高效管理及促进转化运用提供支持，并助力高校在知识产权保护及成本支出上取得平衡。

3.5.1.3 分级定义

何为专利分级？目前尚未有权威的定义。《专利导航试点工程工作手册（第一版）》提出，专利分级包括专利分类、专利评级、专利价值分析、专利筛选与评估等方面，其中，专利评级是对运营专利按作用、市场价值进行评级。也有人认为专利资产分级管理是指采用科学的方法甄别、筛选、分类管理专利资产，以突出高价值专利资产并提高管理效能的一系列活动的总称。

综合上述定义，可以认为，高校专利分级是根据学校专利资产管理及成果运营转化需要，对专利或专利申请的法律价值、技术价值、市场价值、转化前景等方面进行综合分析评估，进而划分等级，形成分级清单的过程。专利分级对象有两类，一是已获得授权的有效专利，二是尚未获得授权的专利申请。

3.5.1.4 专利分级与专利申请前评估

专利分级与专利申请前评估既有区别又有联系。其区别之处主要在于评估

[①] 数据来源于智慧芽专利检索与分析平台检索结果。

对象不同，专利分级的评估对象为已获得授权的有效专利和已提交申请但尚未获得授权的专利申请，而专利申请前评估的对象是尚未提交专利申请的技术方案。但从评估内容上看，二者又具有明显的联系，具体表现在：二者均以技术价值、市场价值、法律价值为核心评价内容，且评价指标多有重叠，专利申请前评估中所用的指标信息，如技术成熟度、技术可替代性、技术应用前景、市场未来预期情况等亦可为专利分级所用，而专利分级以服务运营转化为导向，其有关专利等级划分的标准及影响因素也将反馈到专利申请前评估环节，为后者调整评估指标、评估方法提供参考。因此，全面充分的专利申请前评估将为专利分级奠定良好的基础，而专利分级也将为专利申请前评估提供良好的导向指引。

3.5.2 高校专利分级研究及实践进展

当前，除江苏大学等少数高校外，大部分已开展专利分级实践工作的高校还停留在分级方法的探索上，未能从制度层面设计完整的工作流程及成果应用方式。

3.5.2.1 方法探索

通常，专利可按发明类型、法律状态等属性进行粗粒度分级分类，但在专利管理及运营工作中，需要制定更为精细、准确的分级方法，如通过技术重要性、潜在价值、权利稳定性等属性的评估将专利分为基础专利、核心专利、一般专利等，进而分类处置。长期以来，高校对专利资产的管理较为粗犷，以精细化管理为目标的专利分级研究与实践较为缺乏，主要集中在以下两类：

一是依托国家知识产权局构建的《专利价值分析指标体系》探索专利分级方法。如李小娟等（2014）结合专利生命周期，在申请前、审查中、授权后三个阶段通过发明人、知识产权管理人员、技术专家填写或采集或评价相关指标信息，采用"三步走"方式构建分级分类管理体系；中科院计算机技术研究所采用类似方法对专利进行了分级，并针对信息技术领域专利的特点，对指标体系进行了优化。

二是从技术、法律、市场等角度研究并筛选可能反映专利价值的关联指标，进而构建专利分级模型及相应工具。如王艳领（2011）借鉴TRIZ理论，基于技术成熟度提出一种专利分类框架；吴红（2016）、马永新（2018）聚焦市场属性，提出一种改进专利市场属性评估模型，采用三级评估方法对专利作出具体评估；明志会等（2018）基于中国专利奖评奖标准选取相应的专利信息量化指标，形成药品专利分级分类指标体系；翟东升等（2017）从专利文本中提取技术特征词，提出一种基于机器学习分类算法的专利发明等级分类模型；孙建松（2017）筛选出被引次数、技术覆盖范围等专利指标构建高校专利分层评价指标体系。

3.5.2.2 实践进展

在高校知识产权贯标、国家知识产权信息服务中心建设及国家知识产权试点示范高校建设等政策的推动下，部分高校积极开展专利分级分类工作，取得初步成效。

一是自行探索实践，开展专利分级分类。如江苏大学、江苏科技大学依据国家知识产权局发布的《专利价值分析体系及操作手册》，结合学校实际情况，制定专利分级标准，实施分级管理，并将专利分级结果与专利转化定价、专利资助相结合（详见3.5.2.3典型案例）。福州大学以专利组合为对象，从技术竞争力、市场吸引力两个维度构建分级评估指标体系，从专利数量、专利质量、研发实力、运营表现、技术规模、技术活跃度、市场活跃度等角度筛选评估指标，对学校专利进行分级分类。同济大学则在专利申请阶段引入评价体系，在申请阶段对专利转化前景做规划，同时从专利市场价值、专利强度、技术性三个维度进行评价，实现专利申请分级管理，对有转化前景的专利申请提供专利布局、包装策划等专业服务，提高专利价值，值得借鉴。

二是依托服务机构，开展专利分级分类。如厦门大学、北京理工大学与华智众创合作，应用后者的IP7＋专利分级管理系统（www.ip7s.cn）开展专利资产分级分类管理。北京师范大学通过其合创科技平台运营有限公司与方象知产研究院共同开展"北师大专利分级与价值分析"项目，构建专利池。

三是应用现成工具，开展专利分级分类。如武汉工程大学设定专利分级标准后，结合incoPat合享价值度，对该校计算机、机电、环境、矿业等领域的专利进行分级分类。中原工学院购买壹专利"云端"专利检索分析系统，对已有1200多件专利进行分类管理。

3.5.2.3 典型案例

2020年，江苏大学出台《关于提升专利质量促进专利转化的实施意见（试行）》[①]（以下简称《意见》），自2020年3月1日起施行，是国内高校中较早制定专利分级制度及实施办法的高校。

江苏大学以学校知识产权研究中心为专利分级工作的实施主体，对获得授权的中国发明专利进行分级管理；实用新型、外观设计和国（境）外专利，以及尚未获得授权的发明申请则不纳入分级工作范围。对于《意见》实施前已获得授权，并仍处于有效状态的发明专利，则在转化前进行评分、分级。其分级方法根据国家知识产权局《专利价值分析体系及操作手册》，结合学校实际制定《江苏大学专利分级指标体系》，依据指标体系对每项专利进行量化评分，根据评分的高低划分为四个层级，进而对学校授权专利实施分级管理。分级结果可根据学校专利质量的实际情况进行适应性调整，如对转化难度较大的专利，经发明人申请，所在学院确认，知识产权研究中心初审，可以进行级别调整，并按调整后的级别对此专利进行管理。江苏大学专利分级指标体系如表3-2所示。

表3-2 江苏大学专利分级指标体系

一级指标	权重	二级指标	三级指标	权重
法律维度	3.5	稳定性	权利要求数量	0.35
		专利保护范围	独立权利要求数量	0.35
		专利侵权可判断性	产品或方法专利	0.3
技术维度	3	不可替代性	专利集聚度	0.5
		适用范围	IPC分类号数量	0.5
经济维度	3.5	许可状况	专利许可状态	0.3
		多国申请	同族专利数量	0.35
		市场应用前景	IPC分类号所处类别	0.35

目前，江苏大学已将专利分级结果应用于专利维持、运营转化和绩效考核。在专利维持方面，对获授权的国内发明专利，按分级等级进行维持，资助

---

① 江苏大学. 江苏大学关于提升专利质量促进专利转化的实施意见（试行）[EB/OL]. (2020-02-04) [2021-09-10]. https://fxb.ujs.edu.cn/info/1014/4226.htm.

标准为：一级专利授权后前 8 年年费、二级和三级专利授权后前 6 年年费、四级专利授权后前 3 年年费，每年由学校统一交纳。在运营转化方面，实施质量导向的专利转化定价机制，将分级结果用于专利转化定价，基于专利分级结果实施差异化的转化定价，实施转化的合同金额原则上按不低于分级定价执行。其中，一级专利转化定价不低于 20 万元，二级专利转化定价不低于 10 万元，三级专利转化定价不低于 2 万元，四级专利不设定交易底价。在绩效考核方面，将专利分级结果作为职称评审、硕博导遴选、研究生评奖、各单位年终考核等工作的依据。

本章参考文献

[1] 黎子辉.高校专利申请前评估工作体系的构建[J].中国高校科技,2021(Z1):107-111.

[2] 田海燕.高校专利申请前评估:中美差异及启示[J].创新科技,2021,21(3):49-56.

[3] 丁志新.提升高校院所专利申请前评估的若干建议[EB/OL].(2021-07-08)[2021-08-20]. https://weibo.com/ttarticle/p/show?id=2309404656703609110593&sudaref=www.baidu.com.

[4] 池长昀,邱超凡.提升科技成果评价作用的四点建议[EB/OL].(2020-12-04)[2021-08-28]. http://www.cas.cn/zjs/202012/t20201204_4769407.shtml.

[5] 何炼红.多维度看待高价值专利[EB/OL].(2017-06-02)[2021-08-28]. https://www.cnipa.gov.cn/art/2017/6/2/art_55_126035.html.

[6] 龙飞."知识产权师"制度下高校知识产权人才队伍建设探索[J].产业创新研究,2020(19):138-139.

[7] 李婧萍.高校成果转化技术经理人队伍建设探究[J].科学咨询(教育科研),2021(4):18-19.

[8] 化明艳.高校知识产权人才队伍分类与素质提升研究[J].江苏科技信息,2021,38(18):23-27.

[9] 刘敏,喻萍萍.我国高校图书馆知识产权信息服务现状及优化策略[J].图书馆学研究,2021(12):51-59.

[10] 顾志恒.国内高校知识产权人才分类管理与培养[J].中国高校科技,2017(9):12-15.

[11] 薛佩雯.为知识产权强国建设提供人才支撑[N/OL].(2021-06-04)[2021-08-28]. https://www.cnipa.gov.cn/art/2021/6/4/art_55_159832.html.

[12] 钟卫,陈海鹏,姚逸雪.加大科技人员激励力度能否促进科技成果转化——来自中国高校的证据[J].科技进步与对策,2021,38(7):125-133.

[13] 蒋喜锋,刘小强,彭颖晖.从知识转型、创新驱动发展战略看高校职称评审改革[J].江西师范大学学报(哲学社会科学版),2020,53(6):89-94.

[14] 范英.对科技立项评审制度的思考[J].科技·人才·市场,2003(4):23-26.

[15] 蔡蕾.基于OKR模式的我国一流大学建设高校人才评价改革路向研究[J].教育发展研究,2021,41(7):7-12.

[16] 刘红伟,郝祥平.加强国家科技立项指南制定的科学化和制度化建设[J].科技创新与品牌,2014(4):18.

[17] 香小敏,侯小星,莎薇.科技计划项目立项评审环节建立知识产权分析评议机制研究[J].科技管理研究,2017,37(14):213-217.

[18] 田胜平,秦德辉,谢鸣,等.科技立项管理中存在的问题与对策[J].农业科技与信息,2016(1):41+43.

[19] 张申.科技计划项目立项评审质量管理方法研究[J].科学咨询,2021(22):77.

[20] 王小梅,吴英策,黄晓,等.深化新时代高校教师职称评审:成绩、问题与省思[J].中国高教研究,2021(6):72-77.

[21] 辽宁局启动高校专利价值分析及分级分类工作[EB/OL].(2014-11-06)[2021-08-12].http://ip.people.com.cn/n/2014/1106/c136655-25985474.html.

[22] 国家知识产权局办公室关于举办全国高校专利管理培训班的通知[EB/OL].(2015-05-19)[2021-08-06].http://panjin.dlut.edu.cn/info/1029/8686.htm.

[23] 中华人民共和国国家质量监督检验检疫总局,中国国家标准化管理委员会.高等学校知识产权管理规范:GB/T 33251—2016[S].2016.

[24] 陕西省知识产权局.关于印发《陕西省专利转化专项计划实施方案(2021—2023年)》的通知[EB/OL].(2021-04-30)[2021-08-16].http://snipa.shaanxi.gov.cn/.

[25] 国家知识产权局.专利导航试点工程工作手册(第一版)[EB/OL].(2014-03-10)[2021-08-01].http://www.sipo.gov.cn/docs/pub/old/ztzl/ywzt/zscqsfszl/ndgzjhtj/201706/t20170608_1311961.html.

[26] 马天旗.高价值专利筛选[M].北京:知识产权出版社,2018.

[27] 李小娟,王双龙,梁丽,等.基于专利价值分析体系的专利分级分类管理方法[J].高科技与产业化,2014(11):92-95.

[28] 王艳领.专利等级划分方法的研究与实现[D].天津:河北工业大学,2011.

[29] 吴红,马永新,董坤,等.高校专利分级管理实现的障碍及对策研究[J].图书情报工

作,2016,60(2):59-63.

[30] 马永新.面向高校专利运营需求的发明评估及专利分级管理研究[D].淄博:山东理工大学,2018.

[31] 明志会,黄文杰,刘彩连,等.药品专利分级分类指标体系研究[J].中国新药杂志,2018,27(11):1233-1237.

[32] 翟东升,胡等金,张杰,等.专利发明等级分类建模技术研究[J].数据分析与知识发现,2017,1(12):63-73.

[33] 孙建松.高校专利分层评价指标体系研究[D].大连:大连理工大学,2017.

[34] 丁建宁.知识产权管理推动高校科技成果转化——以江苏大学具体实践为例[N].中国科学报,2020-02-28(3).

[35] 江苏科技大学专利管理办法[EB/OL].(2021-03-02)[2021-08-10].https://kjc.just.edu.cn/wjhb/list.htm.

[36] 专利管理[EB/OL].[2021-08-17].https://www.tongji.edu.cn/info/1155/20363.htm.

[37] 捷报！IP7+专利分级管理系统助力厦门大学专利资产管理[EB/OL].(2020-03-26)[2021-08-17].https://mp.weixin.qq.com/s/5jVfy57Z_NFuZYIFkKtH9w.

[38] 捷报！IP7+专利分级管理系统助力北京理工大学专利资产管理[EB/OL].(2020-03-20)[2021-08-17].https://mp.weixin.qq.com/s/XqeZ9xD3EpXmvHw0igDgmA.

[39] 方象知产研究院.北师大专利分级与价值分析项目启动会圆满举行[EB/OL].(2019-09-19)[2021-08-17].https://mp.weixin.qq.com/s/QvXArbkknijfg0wp7fHhbg.

[40] 武汉工程大学知识产权运营中心[EB/OL].(2019-11-15)[2021-08-06].http://zscq.wit.edu.cn/xwzx/tzgg.htm.

[41] 李建伟,李苏.激活高校"沉睡的专利",中![EB/OL].(2021-07-20)[2021-08-15].https://mp.weixin.qq.com/s/LlMAqjwpEBOrkbfgK6MbBQ.

4 高校专利申请前评估体系

完整的工作体系是保障高校专利申请前评估工作顺利开展的基础，本章从评估原则、评估内容、评估指标及评估工具等方面进行探讨，以期建立完整的高校专利申请前评估体系。

4.1 高校专利申请前评估的原则

《若干意见》提出，要将专利转化等科技成果转移转化绩效，作为一流大学和一流学科建设动态监测和成效评价以及学科评估的重要指标，不单纯考核专利数量，更加突出转化应用，旨在提高专利申请质量和促进转化运用。《若干意见》围绕高校专利提出的基本原则是坚持质量优先，其次突出转化导向，最后强化政策引导。根据《若干意见》精神和高校工作实际，本研究认为高校专利申请前评估需要遵循下列原则。

(1) 兼容性与独立原则

高校专利申请前评估，要充分考虑国家、学校和委托人的利益，既要在技术上充分了解委托人的观点、思路，在市场及转移转化上尊重委托人的诉求，同时又要严格遵循科学的方法，排除信息噪声，独立判断信息数据指标和专家意见。专利申请前评估的主要参与者包括委托方、专业评估人员或技术经理人、咨询专家等，评估服务机构要兼听各方意见，同时评估主体的地位要独立，除了必要的评估数据外，不受其他非评估要素的行政干预，评估过程要客观，只有这样才能得出公正的评估结果。

(2) 客观性原则

发明创造是否适合申请专利，不是由评估机构及人员的主观意识决定的，必须依靠实际的专利检索与分析结果，得出客观结论。在进行专利申请前评估时，所依据的资料和有关数据必须真实、客观、可靠，对数据资料进行研究和分析也应实事求是，借助科学方法，得出真实性的结论，既不夸大，也不缩小。评估工作应该根据客观实际和相关法律、法规的有关规定进行，使评估结果具有法律有效性。

(3) 完备性原则

围绕评估目的，专利申请前评估要全面地反映专利申请情况，符合发明的基本特征和专利转化的基本规律。首先，根据专利申请前评估的标准、规定和方法，指导委托方提供符合标准规定和成果转化基本规律的评估原始材料；其次，根据委托方所提供的材料，借助专家的咨询意见，对发明相关指标进行评估；最后，综合多方评估结果，给出最终结论，形成专利申请前评估报告。

(4) 公正性原则

评估人员的立场对评估结论有相当大的影响，为了防止评估结论出现偏差，评估机构和评估人员必须坚持公平、公正的立场，不带有个人倾向，尤其应避免在评估开始以前就产生趋向性意见，更不能持法律禁止的立场开展评估工作。公正性原则要求评估人员既要维护国家、学校的利益，也要维护发明人的个人利益，并尊重市场规律，使专利申请前评估真正落实到促进科技进步和社会发展的轨道上来。

(5) 保密性原则

专利具有技术、经济、法律价值属性，在未公开之前，上述价值具有不稳定性，可能因为各种原因而造成价值损失。泄露技术秘密，是可能造成上述价值意外损失的原因之一。特别是有些科研成果对国家安全有重要影响，对保密有较高的要求。所以在专利申请前评估过程中，必须严格遵守保密原则。一是要有保密的意识，参与专利申请前评估的人员应该接受保密教育；二是要有保密的制度，规范专利申请前评估人员的行为并签订协议，特别是参与评议的同行专家，应该有相应的回避措施；三是要有保密的措施，如案卷管理、网络管理等，都应该有相应的规定规范。

(6) 分类评估原则

专利申请前评估主要针对各级各类科研项目研究成果，评估过程中，在遵行一定评估标准与流程的基础上，需要构建针对不同类型的专利申请前评估指标与方法。对于侧重转化和市场应用的发明创造，可以在技术价值评估的基础上，重点评估其市场价值，如市场实施度、市场占有率、领域实施热度等；对于偏重基础研究的科学研究成果，可重点进行技术维度价值的评估，对技术本身的成熟度、创新度、先进度等进行评价，同时辅以相应的市场价值指标。

4.2 高校专利申请前评估的内容

高校专利申请前评估工作有别于专利审查工作，既要发挥专利申请前的把关作用，能排除无效或低质量专利，又要能助力提高具有良好市场前景的高价值专利申请的成功率。根据《若干意见》中提出的"到 2025 年，高校专利质量明显提升，专利运营能力显著增强"的目标，专利申请前的评估内容重点应该放在直接影响该目标的发明技术价值和市场应用前景两个方面。同时，专利具有法律属性，因此需要从专利申请文本质量、专利布局等方面出发，将法律价值评估纳入专利申请前评估的范围。

4.2.1 市场价值评估

专利通过市场化运营获得经济收益是专利申请的最终目的，因此，评估拟申请专利是否具备市场应用前景是专利申请前评估的中心任务。对于偏基础研究的科学研究成果，可能不适合将市场价值作为主要评价维度，可重点进行技术维度的价值评估，同时对标市场同类产品当前的市场情况和未来的市场预判开展市场价值的评估。

发明的市场价值是国外专利申请中非常重要的考虑因素，没有市场价值的技术，申请专利的意义不大。专利申请前对发明市场价值的评估，需要着重考虑以下几方面：一是发明是否具有实用性，这与《专利法》第二十二条第四款规定的实用性有一定联系，主要考虑该技术是否可重复再现和产生有益的技术效果。二是应用价值，这里所说的应用价值是区别于实用性的使用价值，指能够满足人们某种需要的属性，例如，微生物的突变方法，许多情况下被认为不具备实用性，但在实际中却有应用价值。三是市场应用前景，根据实施主体的不同，市场应用前景的具体评估内容可以不同，例如，由高校知识产权信息服务中心或科研管理部门等承担专利申请前评估工作，可通过专利分析工具从专利文献及其他类型文献、市场现有相关产品信息以及校企合作情况等方面，开展拟申请专利技术市场价值的间接评估；如果委托第三方开展申请前评估工作，可根据实际情况进行市场接受许可或转让意愿调研，还可通过企业对该技术的关注情况等了解该技术的市场应用前景。市场价值需要考虑的因素较多，具有较大的不确定性，并且随着时间的推移处于不断变化之中，因此，市场价值可以按照现时评价与合理预期相结合的方式进行评估。

4.2.2 技术价值评估

专利的技术价值是专利的根本基础。技术价值在高校专利价值评估中占据主体地位，是专利日后能否实现转化运用的核心因素。因此，对发明创造的技术价值进行分析评估也是高校专利申请前评估工作的重要内容。

一般来说，专利的技术价值主要体现在创造性、新颖性和实用性上，但高校的专利申请前评估工作应有别于专利审查员的工作，不必专注于专利"三性"的审查和判断，应将评估重点放在能够反映技术价值的可替代性、独立性、成熟度等主要指标的分析上。此外，在实际的技术创新研发过程中，有些发明人往往不具备全面检索专利信息的能力，对于是否已经存在与自己技术相同或相近的专利并不能完全掌握。因此，依靠评估服务人员的文献检索技能优势，通过客观评价该技术的国内外研发情况，进而对技术的先进性进行预评估，特别是科研立项的专利导航显得尤为重要。以专利申请前评估工作为契机，及早介入科研工作，帮助申请人进行技术创新方案的重新设计和深度挖掘，提高发明创造的技术价值，是高校专利申请前评估工作的重要内容。总体来说，技术原理先进、技术方案成熟、实施时对其他技术依赖度低、替代性技术少的发明创造有较高的技术价值。

4.2.3 法律价值评估

专利的法律价值是专利技术价值和市场价值的前提保障。专利获得授权是实现价值的前提条件，也是专利转化运用的基本要求。

高校有部分专利被贴上了"好技术烂专利"的标签，主要原因就是尽管专利申请的技术过关，但其申请文本撰写质量不过硬，导致其法律价值低下，经不起法律诉讼的实战。专利申请前评估应对专利申请文件的基本撰写进行审查，保证专利文件的撰写首先满足《专利法》《专利法实施细则》《专利审查指南》等相关法律法规和部门规章的基本要求，降低被驳回的风险。此外，对权利要求撰写进行把关也是保障发明创造法律价值的重要一环。权利要求中技术限定范围、权利要求项数的多少等，对专利的法律稳定性有至关重要的影响。专利申请前的评估需要在与发明人有效沟通的基础上，保障好的技术能够体现在规范的、高质量的专利申请书中，在提升专利授权率的同时，也能更好地保障其不被侵权，或在被侵权的时候能更好地维权。总体来说，通过评估判断申请文本中保护主题是否全面、保护范围是否适中、从权部署是否具有梯度性、说明书技术效果推导是否合理且充分、实施例扩展是否到位等，从而确保其法律稳定性。

专利布局评估也是专利申请前评估的重要内容。专利布局是指综合产业、市场和法律等因素，对专利进行有机结合，涵盖了申请人利害相关的时间、地域、技术和产品等维度，构建严密高效的专利保护网，最终形成对申请人有利格局的专利组合。通过专利布局评估，掌握专利竞争格局情况及态势变化，详细了解竞争对手的专利布局特点，并有针对性地采取相应措施，确定专利布局地区的优先级、专利布局的技术重点和策略，做到专利布局区域的精准部署，实现专利组合在空间分布上的价值优化。我国的发明人和申请人的专利布局意识较差，高校在专利布局方面更为欠缺，尤其是海外专利布局的意识和能力严重不足，导致我国在国际市场竞争中往往处于劣势。因此，在专利申请前评估环节对发明人的技术研发给出合理的专利布局建议，会起到很好的战略引领作用。

4.3 高校专利申请前评估的指标

4.3.1 国内外专利申请前评估指标实例

4.3.1.1 国外评估指标实例

总结比较国外著名高校的知识产权政策对专利申请前评估的描述，可以发现，美国、欧洲和日本专利申请前评估指标的倾向性和目的性各有不同。美国倾向评估发明的商业化潜力，以低成本高转化率为目标；欧洲侧重发明市场价值的实现，以实现当地社会效益和经济驱动为目的；日本则较为重视发明的可行性，以实现获取专利许可为目的。

(1) 美国高校专利申请前评估指标

哈佛大学在提交专利申请时，要求对发明的可专利性和商业可行性进行评价，同时提交投资回报率文件。佛罗里达大学对发明的可行性、专利性、新颖性、潜在的应用和可能的市场前景进行初步评估，评估主要以商业化前景和市场价值为原则，以追求商业化为目标。在投资获得保护的专利之前，首先要考虑此项技术是否能够成功获得专利或获得实施机会。若一个潜在市场太小或潜在开发成本太高，都可能很难获得许可。评估过程中还需要考虑如何规划专利、明确保护策略及许可授权策略等，使其商业价值得到保证。斯坦福大学在进行专利审查时，将评价重点放在了是否具有商业营销潜力上，通过分析市场和竞争技术，以确定发明的商业化潜力。密歇根大学同样将评价重点放在发明的技术和市场潜力方面，以及评估未来的机遇和挑战，以帮助建立一条商业成功之路。

(2) 欧洲高校专利申请前评估指标

欧洲专利制度在长期的历史发展过程中，呈现出专利制度与科技创新互动互促、私人利益与公共利益统筹兼顾、专利申请程序由烦琐走向简化、专利保护的客体范围逐渐扩大、保护强度与技术需要相互协调等演变规律。

作为欧洲大学创新中心，鲁汶大学的发展与研究中心为高校研究提供专利申请前评估，具体评估发明的可行性、专利许可可能性和市场潜力，主要评估其商业潜能。慕尼黑工业大学建立了一体化创业型组织,其中的科研与技术转让中心负责技术创新的转化并制定了《慕尼黑工业大学专利规范》等,针对科研成果专利评估和申报,专门制定了相应的专利政策,针对不同专利类型明确了不同的评估和申报措施,评估指标包括新颖性、创新程度、商业潜力、对第三方的义务、第三方权利以及其他可能相关的因素等。英国高校非常重视重点发明的国际专利申请和国际技术市场开拓,对其技术的商业价值和技术本身的领先性有很强的把握能力。以剑桥大学为中心的高新技术产业集聚区是剑桥大学在科研成果商业化方面取得卓越成就的高度缩影,其主要途径之一是由其全资控股的剑桥企业有限公司,以极高的效率进行发明的价值评估和市场调查,以及制订具体的商业计划。而作为全英拥有科研专利最多的学术机构,牛津大学在专利评估过程中特别强调技术的市场价值实现,为当地/国家累积财富,创造就业机会,倾向于创办衍生企业而非仅进行技术许可,关注潜在有价值的项目。

(3) 日本高校专利申请前评估指标

日本专利代理人协会出台了《关于专利价值需求评估的报告》,其中的专利价值评价指标及其内容一直都作为专利实践中的参考指标,具体如表4-1所示。[①] 加藤等根据发明评价指标的重要性,选定了工业适用性、发明的新颖性/创新性、发明的有效性/实用性、自身实施的可行性、他人的可操作性、侵权的可探测性、发明的寿命、战略必要性等8个专利申请前的重要评价指标。此外,还提出将知识的保密性、商业重要性、替代技术的可用性、市场规模、与某一或某些标准的相关性、行业的技术趋势、商业化所需的投资等作为可选指标。

表4-1 日本专利价值评价指标及其内容

评价指标	评价内容
技术价值评估	基础技术、先进技术、国防技术、改良性技术、替代性技术
法律价值评估	基本专利、外围专利、防御性专利、权利的有效性、权利的价值
经济价值评估	商业潜力、盈利能力、专利贡献、商业可行性、商业安全性

日本高校专利技术转移部门以企业需求为导向,开展技术需求和供给信息的收集和发布,提供对技术的评估和认定服务,以及专利策略应用。日本的专

[①] 日本专利代理人协会. 关于专利价值需求评估的报告[EB/OL]. (2002-04-01)[2021-08-29]. https://www.kantei.go.jp/jp/singi/titeki/kettei/020703taikou.html#0-0.

利申请前评估中,由专利申请人对技术的可专利性进行检索,用以判断此项发明创造是否具备新颖性和创造性;对专利技术进行价值分析,探究技术的成熟度、市场竞争力、应用环境等,用以决定专利申请方式、时机和途径。宫崎大学产学连携中心知识产权部门针对发明创造的评价,包括职务发明的认定、权利归属的确认以及专利性和市场性评价。九州大学针对发明的专利性和有用性进行调查,发明人针对发明的领域、发明的概要、权利化的状况、与以往的技术或竞争技术间的比较、预想的用途等项目进行填写,企业若感兴趣,则学校予以承继和申请,企业若不感兴趣,则学校不予承继。千叶大学学术研究创新推进机构对于提出专利申请的发明进行审议,判断该发明是否为职务发明,学校是否继承其专利权利,最终对是否提出专利申请做出决定,对发明的评价主要集中于发明的市场性。中央大学的发明委员会对发明者的职务发明等有关的知识产权展开评议讨论,针对其技术性、专利性、市场性和费用效果分析的综合判断来决定学校是否继承该发明专利。

4.3.1.2 国内评估指标实例

国内对专利评估指标的研究大多针对已经申请的专利而言。2012年,国家知识产权局联合中国技术交易所共同从法律类型、技术类型和经济类型三个维度出发,制定了一个专利价值分析指标体系(详见表4-2)[①]。

表4-2 专利价值分析指标体系表

	一级	二级
专利价值 B	法律价值 C_1	稳定性 C_{11} 可规避性 C_{12} 依赖性 C_{13} 专利侵权可判定性 C_{14} 有效性 C_{15} 多国申请 C_{16} 许可使用情况 C_{17}
	技术价值 C_2	先进性 C_{21} 行业发展趋势 C_{22} 适用范围 C_{23} 配套技术依存度 C_{24} 可替代性 C_{25} 成熟度 C_{26}

---

① 国家知识产权局专利管理司.专利价值分析指标体系操作手册[M].北京:知识产权出版社,2012.

续表 4-2

	一级	二级
专利价值 B	经济价值 C_3	市场应用 C_{31} 市场规模前景 C_{32} 市场占有率 C_{33} 竞争情况 C_{34} 政策适应性 C_{35}

上述评价指标体系得到了较为广泛的应用，后续有学者在这三项指标的基础上，增加了战略价值并展开了进一步探讨，有的将专利开发主体纳入专利质量评价体系，从专利技术性、法定性、经济性和主体实力等四个维度构建了 19 项专利质量评价指标。

国内高校专利申请前评估指标的实例目前并不多。黎子辉从高校科研人员及其技术研发特点出发，以提升专利申请成功率和专利价值为目标，构建了涵盖战略评估、技术评估和代理质量评估三大范畴的评估范畴，建立了包括技术保护手段评估、专利布局计划评估、技术质量评估、技术市场评估、专利申请文本质量评估、被驳回风险评估等六道环节的高校专利申请前评估工作体系（表 4-3）。[1]

表 4-3 高校专利申请前评估工作体系

评估范畴	评估阶段	评估内容
战略评估	交底书阶段	技术保护手段评估、专利布局计划评估
技术评估	申请过程阶段	技术质量评估、技术市场评估
代理质量评估	发明申请提交后的阶段	专利申请文本质量评估、被驳回风险评估

4.3.2 高校专利申请前评估指标体系

从专利价值分析指标体系看，作为一级指标的法律价值指标相对客观，受外围环境影响较小，比较容易确定；技术价值和经济价值则普遍受时间、行业影响较大，有一定的主观性，特别是市场价值定性指标较多，实际操作有困

---

[1] 黎子辉. 高校专利申请前评估工作体系的构建[J]. 中国高校科技, 2021(Z1):107-111.

难，比较依赖评估人员的个人能力。这些都是专利申请前评估指标选取中要注意的问题。此外，专利申请前评估指标的选取还需要考虑以下两个方面：一是指标数量，过多的指标会导致指标体系庞大、复杂，指标分值权重分配过于松散，影响评估结果，同时也会增加评估工作的时间成本和管理成本；二是指标内涵，部分指标的内涵较宽泛，难以量化操作，可将指标进行适度分层分解，设立多级指标，以达到灵活应用、降低评估数据获取难度的目的。

基于上述考虑，本研究根据高校专利申请前评估的内容，参考国内外高校专利申请前评估指标及专利价值指标体系，从技术、市场和法律三个维度，提出可用于国内高校专利申请前评估的指标体系。技术价值指标主要集中在技术本身的创新性、可替代性、稳定性及成熟度等方面，市场价值指标主要从市场经济效益的角度来考虑，法律价值指标则主要集中在申请文本质量的评价上。具体分类整理如表4-4所示。

表4-4 专利申请前评估指标体系

一级指标	二级指标	指标内容	评估阶段	数据来源
技术价值	技术新颖性	是否检索到影响新颖性的对比文献，属于首创型或改进型	1, 2	发明披露表、专利数据库
	技术先进性	与领域其他技术相比的优势，如国内先进、国内领先、国际先进、国际领先等	1, 2	发明披露表、专利数据库
	技术替代性	是否存在解决相同或类似问题的替代技术方案，相似专利的审查授权情况	1, 2	发明披露表、专利数据库
	技术成熟度	技术产业化发展程度，如工业化生产、小批量生产、中试、小试、实验室阶段	1, 2	发明披露表、专利数据库
	技术独立性	是否可以独立应用，还是必须依赖其他技术，依赖程度有多高	1, 2	发明披露表、专利数据库
	技术关联度	在最终用途、生产条件、分销渠道等方面技术相互关联的程度，如引证专利数	1, 2	发明披露表、市场数据、专利数据库、经济数据库
	技术应用范围	技术可应用于某个或多个生产领域，技术的应用有某些限定条件，参考涉及的IPC数量	1, 2	发明披露表、专利数据库

续表 4-4

一级指标	二级指标	指标内容	评估阶段	数据来源
技术价值	技术生命周期	技术领域目前的发展阶段，如新兴技术领域，发展前景广阔，属于国家扶持产业；成长技术领域，技术领域发展前景较好或发展平稳，依靠技术革新实现持续成长；成熟技术领域，经历高速增长后逐步过渡到平稳增长；夕阳技术领域，经历成熟期后行业增长进入停滞；衰退技术领域，在一定时期内快速下降	2	专利数据库
	技术循环周期	相关文件中引用专利的平均年限	2	发明披露表、专利数据库
	共同申请人	共同申请人数量、类型与资质	1, 2	发明披露表、机构知识库
	团队成员背景	发明人技术团队的专业背景、优势领域，第一发明人能力，技术人员投入情况	1, 2	发明披露表、机构知识库
	团队其他专利	发明人已有相关专利数量、维持等情况	1, 2	发明披露表、专利数据库
	技术防御力	由技术的复杂性及研发所需资金决定，如技术复杂且需大量资金研制	1, 2	发明披露表、经济数据库
市场价值	完备程度	技术商业化的准备程度，是否有明确的实施计划	1, 2	发明披露表、市场数据、专利数据库、经济数据库
	市场实施度	技术是否校企合作研发，可转化度如何	1	发明披露表
	市场推广度	同类技术竞争情况及市场准入状态	2	专利数据库
	同类专利价值	相似专利预估价值	2	专利数据库
	领域实施数量	相似专利实施的数量	2	专利数据库
	领域实施热度	一定时间内相似专利的实施率	2	专利数据库
	市场需求度	市场对技术产品的需求量。如解决了行业的必需技术问题，为广大厂商所需要；解决了行业一般技术问题；解决了生产中某一附加技术问题或改进了某一技术环节	1, 2	发明披露表、专利数据库、市场数据

续表 4-4

一级指标	二级指标	指标内容	评估阶段	数据来源
市场价值	市场占有率	技术产品经充分的市场推广后可能占有的市场份额和可能实现的销售收益，市场应用前景	1, 2	发明披露表、专利数据库、市场数据
	领域诉讼热度	一定时间内相似专利发生诉讼的比率	2	专利数据库
	政策适应性	是否符合国家、地方政府、公司等层面的战略规划方向，是否有鼓励或优惠政策，是否属于扶持技术，是否属于战略性新兴产业，是否符合国家卡脖子技术等短板	1	发明披露表
法律价值	专利申请适用性	技术是否在法律法规允许范围内，是否适合以申请专利的方式进行保护	1	发明披露表、政策文件
	确权可能性	权利要求保护范围是否恰当，说明书技术效果推导是否合理且充分，实施例扩展是否到位且足够支持权利要求等	3	专利申请书
	侵权风险	如果获得授权，侵权的可判定性、权属纠纷的可能性	3	技术交底书、专利数据库、专利申请书
	专利稳定性	专利在行使权利过程中被认为无效的可能性，评价可以基于从属权利要求构建是否具有梯度、说明书页数、附图个数等维度进行	3	技术交底书、专利申请书
	专利依赖性	专利的实施是否依赖于现有授权专利的许可，该专利是否作为后续申请专利的基础	1	发明披露表、技术交底书
	专利布局	技术是否在多国进行专利申请，专利布局和运营的范围	1	发明披露表、技术交底书
	不可规避性	权利要求的保护范围是否合适，即是否被其他人在不侵权的情况下通过别的设计实现该专利同样的效果	3	技术交底书、专利数据库、专利申请书

上述指标体系根据传统的专利价值维度进行分类，在每一类型中，根据高校实际评估工作的阶段性分为初评阶段（发明人自评）1、实质评估阶段 2、申请文本评估阶段 3。各指标具有不同的价值属性，适合于不同的评估阶段和不

同的学科要求。万变不离其宗,各高校可根据自己学校的特点或技术学科领域,综合考虑高校专利申请前评估时常用的指标内容,选择配置适用于自己高校的专利申请前评估指标体系。

4.4 高校专利申请前评估指标模型

基于选择配置的专利申请前评估指标体系,形成相应的评估指标模型,具体如表4-5所示。为了使指标评分更具可操作性,可将大分类下的各个指标设置成相同权重,比如都为5分(也可以为10分或100分),根据综合得分结果 C 给出结论:$C<0.4$,不建议申请;$0.4 \leqslant C \leqslant 0.8$,建议申请(其中,根据申请专利的目的及具体技术价值或市场价值的得分情况,可建议暂缓申请,先进行技术完善或市场培育);$C>0.8$,高价值专利培育。

表 4-5 专利申请前评估指标模型

指标类型	分指标名称	分指标总分	分指标评分	指标类型总评分	综合得分(C)
技术价值 A	指标1	5	A_1	$A=(A_1+A_2+\cdots+A_n)/5n$	$C=A\times$权重$(A)+B\times$权重(B) 注: $C<0.4$,不建议申请; $0.4 \leqslant C \leqslant 0.8$,建议申请; $C>0.8$,高价值专利培育
	指标2	5	A_2		
	指标3	5	A_3		
	……	5	…		
	指标n	5	A_n		
市场价值 B	指标1	5	B_1	$B=(B_1+B_2+\cdots+B_n)/5n$	
	指标2	5	B_2		
	指标3	5	B_3		
	…	5	…		
	指标n	5	B_n		

技术价值或市场价值下每个指标的具体评分标准事先也有设定,以技术价值下的某一指标为例做说明。假如技术价值指标1为"技术成熟度",可以参考相关的国家标准[《科学技术研究项目评价通则》(GB/T 22900—2009)],对具

体评分做出规定，如表 4-6 所示[①]。

表 4-6 技术成熟度指标评分规定

等级	等级描述	成果形式	评分
1	观察到基本原理并形成正式报告	报告	等级 1：1 分 等级 2~3：2 分 等级 4~5：3 分 等级 6~7：4 分 等级 8~9：5 分
2	形成了技术概念或开发方案	方案	
3	关键功能分析和试验结论成立	验证结论	
4	研究室环境中的部件仿真验证	仿真结论	
5	相关环境中的部件仿真验证	部件	
6	相关环境中的系统样机演示	模型样机	
7	在实际环境中的系统样机试验结论成立	样机	
8	实际系统完成并通过实际验证	中试产品	
9	实际通过任务运行的成功考验，可销售	产品、标准、专利	

为了更直观地呈现结果，可通过具体实例进行说明。例如，某委托评估项目为应用型技术，初步评估后，设置技术价值权重为 0.4，市场价值权重为 0.6，具体评估结果如表 4-7 所示。

表 4-7 某应用型技术评估结果

指标类型	分指标名称	分指标总分	分指标评分	指标类型总评分	综合得分（C）
技术价值	指标 1	5	4	18/30=0.6	$C=0.6\times0.4+0.64\times0.6=0.624$
	指标 2	5	3		
	指标 3	5	4		
	指标 4	5	3		
	指标 5	5	2		
	指标 6	5	2		
市场价值	指标 1	5	5	16/25=0.64	
	指标 2	5	4		
	指标 3	5	3		
	指标 4	5	2		
	指标 5	5	2		

---

① 中华人民共和国国家质量监督检验检疫总局,中国国家标准化管理委员会.科学技术研究项目评价通则:GB/T 22900—2009[S].2009.

上述综合得分结果 $C=0.624$，大于 0.4 而小于 0.8，所以结论是建议申请。

4.5 高校专利申请前评估工具

专利申请前评估工具的有效使用可以辅助评估人员从技术价值、文本质量、市场前景等方面对技术方案进行综合性评估，提升专利申请前评估的效率。目前开展专利申请前评估多是依托市场上的普适性专利检索工具，包括基础检索工具和通用检索分析工具两大类别。基础检索工具普遍提供通过编写检索式查找相关专利的常规功能，通用检索分析工具则在常规功能的基础上，还包括一些多样化的检索、分析功能，更具有针对性和易用性，能帮助高校专利申请前评估人员更好地做好分析评估工作。无论是基础检索工具还是通用检索分析工具，对于高校来说，均需要在检索后，依托工具提供的数据对技术方案自行开展综合评估。专业的专利申请前评估系统与其他普适性专利检索工具相比，最大的优势在于集服务与流程可视化、信息化、统一化管理于一体，可满足高校专利申请前评估的规范化、标准化工作需求，具备广泛操作性和现实推广性。

专利申请的最终目的是专利的转化和市场中的运用，因此在专利申请前评估中，除了新颖性和创造性分析，还需要考虑未来市场前景及发明创造价值，保障通过评估而申请的专利是具备转化性质的高质量专利。实际工作中，评估机构可以根据项目需要、评估内容及各单位实际情况，合理应用相关检索分析工具。

4.5.1 基础检索工具

高校专利申请前评估工作的基本要务之一是提升专利申请的成功率。我国《专利法》第二十二条明确规定，授予专利权的发明和实用新型应当具备新颖性、创造性和实用性。其中，新颖性和创造性可以通过专利查新进行核验，评估机构可利用一般的基础检索工具辅助查新检索。

表 4-8 列出了部分免费专利检索资源，这些是最常用的基础检索工具，包含不同国家、不同地区的专利数据。

4 高校专利申请前评估体系 75

表 4-8 部分免费专利检索工具

	检索工具名称
中国	国家知识产权局专利检索及分析系统（http：//pss-system.cnipa.gov.cn/）
	国家知识产权局中国及多国专利审查信息查询系统（http：//cpquery.cnipa.gov.cn/）
	中国知识产权网（http：//www.cnipr.com/）
国外	欧洲专利检索系统（https：//worldwide.espacenet.com/）
	欧洲专利登记簿（https：//www.epo.org/searching-for-patents/legal/register.html）
	世界知识产权组织（https：//www.wipo.int/portal/en/index.html）
	日本特许厅（https：//www.jpo.go.jp/index.html）

市场上获取专利文献的渠道众多，除了表 4-8 中列示的工具外，还可以从搜索引擎上免费获取专利文献信息。大多数免费资源基本能够涵盖九国两组织[①]（PCT 最低文献检索范围）专利数据，部分可实现简单编辑检索、获取相应技术主题的专利数据及导出专利数据进行分析。但免费的数据库基本不包含分析功能，需要对数据进行导出，自行进行统计分析，再进行综合评估。

以国家知识产权局专利检索及分析系统为例，其覆盖了 103 个国家、地区和组织的专利数据，包含高级检索、导航检索、药物检索等多种检索方式，如图 4-1 所示。

图 4-1 国家知识产权局专利检索系统页面

---

① 九国两组织指中国、美国、英国、日本、德国、法国、瑞士、俄罗斯、韩国、世界知识产权组织和欧洲专利局。

除了有包含广泛数据的专利数据库外，部分国家和地区还提供了针对某一技术领域建立的专利专题库（表 4-9），专利专题库包含某一领域或某一产业、某一主题的专利集合，可协助评估人员较为快速地获知某一领域的专利及技术发展情况。

表 4-9 部分公开的专利专题库列表

专题库名称	地区	分类
国家重点产业专利信息服务平台	国家级	汽车产业、钢铁产业、电子信息产业、物流产业等十个产业
广东省知识产权信息公共服务平台	广东省	重点行业专利数据库、战略新兴产业专利数据库、地方特色专利数据库及抗拒新型冠状病毒专题专利数据库
专题专利数据库信息服务平台	江西省	江西省十大战略性新兴产业专利信息、特色行业专题专利信息服务平台、企业专题专利信息服务平台及高校专题专利信息服务平台
山东省医药行业专利专题数据库	山东省	新冠肺炎、生物医药、中药及原料药
山东省新旧动能转换专利库	山东省	新旧动能十大重点产业专利、校企合作专利、热门专利及其他
江苏省知识产权大数据平台	江苏省	绿色专利专题库、江苏省十三个先进制造业集群专利专题库、新能源汽车专利专题库、江苏省主导产业专利专题库等十个专题库

4.5.2 通用检索分析工具

基础专利检索工具普遍提供通过编写检索式查找相关专利的常规功能，此外，市场上还包括一些检索功能多样化的专利申请前评估工具。表 4-10 介绍了几种国内外具有代表性的专利申请前评估通用检索分析工具。

下面以 CNIPA 的药物新颖性评估为例，通过实际案例操作演示，为有需求的评估人员提供使用参考。

CNIPA 的药物新颖性评估，基于对字段和数据的深加工处理，输入药品名称便可查看相关专利文献及对应药物成分，提高了药物查新工作效率，提供的官方权威技术数据增强了药物课题查新的可靠度，为药物的新颖性评估提供参考依据。

4 高校专利申请前评估体系　　　　　　　　　　　　　　　　　　　　77

表 4-10　通用检索分析工具

检索分析工具	来源	对专利申请前评估起到的支撑效果
CNIPA	国家知识产权局	新颖性评估
Patsnap	商用	新颖性评估、专利价值评估、市场前景评估、市场需求度评估
Incopat	商用	新颖性评估、专利价值评估、市场前景评估
壹专利	商用	新创性评估、专利价值评估、市场前景评估
Patentics	商用	新颖性评估、专利价值评估
Soopat	商用	新颖性评估、专利价值评估
PatentSight	商用	新创性评估、专利价值评估、市场前景评估
ISPatent	商用	新颖性评估、专利价值评估、市场前景评估、市场需求度评估
HimmPat	商用	新颖性评估、专利价值评估、市场需求度评估、专利文本撰写质量及法律保护有效性评估
PatBase	商用	新颖性评估、专利价值评估、市场需求度评估
Innography	商用	新颖性评估、专利价值评估
Derwent Innovation	商用	新颖性评估、专利价值评估
Xlpat	商用	新颖性评估、专利价值评估、市场需求度评估
IPscore	欧洲专利局	专利价值及市场前景评估

在检索页面输入"清肺排毒汤"药物处方名称，如白术、杏仁、泽泻等（图 4-2），进行检索结果的查看（图 4-3），可以看到前两条检索结果均为"一种治疗新型冠状病毒感染的肺炎的方剂及其应用"，点击"详览"按钮，可以查看本篇专利的"著录项目、全文文本、全文图像"等基本信息（图 4-4）。通过药物检索，

图 4-2　CNIPA 药物检索首页

可以掌握国内外同类药物研制的进展状况，使新药研究尽可能走在同类研究的前列，有一个较高的起点，避免重复投资或者发生专利侵权行为。

图 4-3　CNIPA 药物检索结果展示

图 4-4　CNIPA 药物检索结果详例

4.5.3 专利申请前评估专用工具

自《若干意见》将开展专利申请前评估作为重点任务之一进行部署之后，国内高校纷纷探索将专利申请前评估纳入知识产权管理的环节，如北京交通大学制定了专利申请前评估工作方案，清华大学则是建立了集专利申请前评估、概念验证项目评估、成果转化前评估、成果经济价值评估于一体的"4W"评估体系。但国内高校关于专利申请前评估工作的开展仍在探索阶段，相关的工作开展缺乏标准和规范，评估方式缺乏广泛操作性和现实推广性，市场上鲜见适用于高校专利申请前评估的专用工具。

智慧之光专利前置评审系统（图 4-5）是一款集智能化系统与专家审查于一体的专利申请前评估专用工具，其基于专利大数据分析技术，整合深度学习技术，创建智能评估模型，实现对非正常专利申请的鉴别、专利申请前评估，并可实时跟踪评估管理数据，实现专利申请前评估工作可视化、信息化、统一化管理，确保信息传递、数据同步、业务监控和审查业务流程的持续升级优化，确保跨学院、跨部门、跨合作单位的协同工作有效开展。

图 4-5 智慧之光专利前置评审系统页面展示

该系统的评估流程实现标准化，配备了评估报告、配套操作手册与模板，综合考虑了发明人/用户提供评价原始材料、获取评估报告的便利性和可获得性，可满足高校大量评估发明成果的现实需求，操作规范，简便易用。其评估指标基于《专利法》《专利法实施细则》《专利审查指南》等相关法规标准设置，包括非正常申请专利鉴别、权利要求撰写质量、新颖性/创造性/实用性评价、申请文本质量评估等，评估指标具备通用性、客观性。通过设置不同评分等级，以相对定量的分值显示评估结果，有利于委托者和评估结果使用方对工具所采用的评价体系及结论的理解和判断。

专利查重是该专利前置评审系统中独有的功能，评审人进行专利查重操作后，系统会基于大数据智能算法给出综合评估结果（图 4-6），并自动同步查重报告至案件列表，申请人可查阅（图 4-7）。同时，系统后台专利审查专家辅助人工终审，甄别“编造、伪造或变造”非正常专利申请，利用“智能化系统＋专家审查”一体的解决方案，充分保证审查通过率以及专利质量。

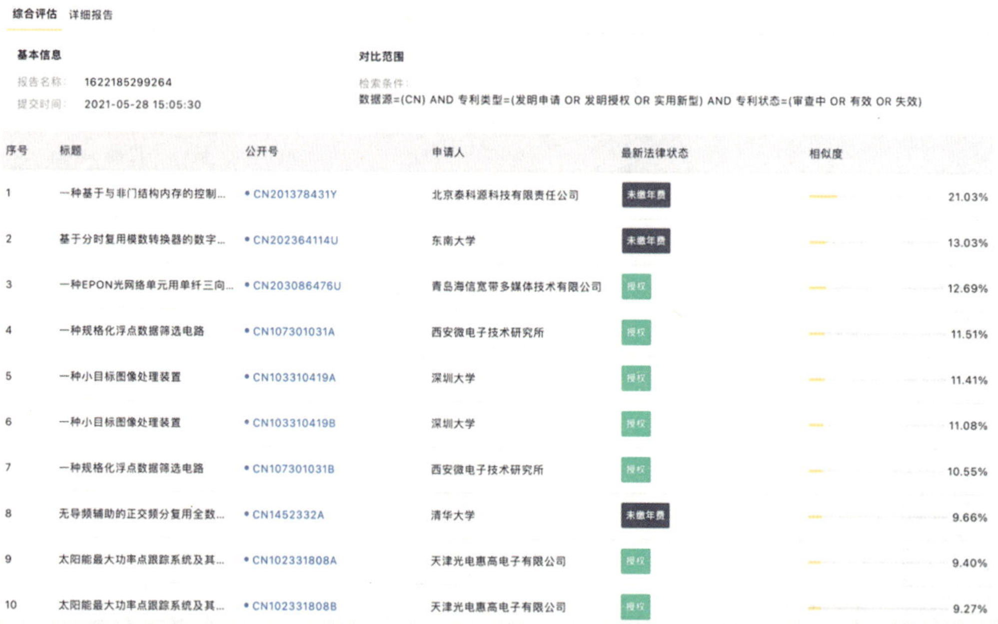
综合评估　详细报告

基本信息

报告名称：1622185299264

提交时间：2021-05-28 15:05:30

对比范围

检索条件：

数据源=(CN) AND 专利类型=(发明申请 OR 发明授权 OR 实用新型) AND 专利状态=(审查中 OR 有效 OR 失效)

序号	标题	公开号	申请人	最新法律状态	相似度
1	一种基于与非门结构内存的控制...	• CN201378431Y	北京泰科源科技有限责任公司	未缴年费	21.03%
2	基于分时复用模数转换器的数字...	• CN202364114U	东南大学	未缴年费	13.03%
3	一种EPON光网络单元用单纤三向...	• CN203086476U	青岛海信宽带多媒体技术有限公司	授权	12.69%
4	一种规格化浮点数据筛选电路	• CN107301031A	西安微电子技术研究所	授权	11.51%
5	一种小目标图像处理装置	• CN103310419A	深圳大学	授权	11.41%
6	一种小目标图像处理装置	• CN103310419B	深圳大学	授权	11.08%
7	一种规格化浮点数据筛选电路	• CN107301031B	西安微电子技术研究所	授权	10.55%
8	无导频辅助的正交频分复用全数...	• CN1452332A	清华大学	未缴年费	9.66%
9	太阳能最大功率点跟踪系统及其...	• CN102331808A	天津光电惠高电子有限公司	授权	9.40%
10	太阳能最大功率点跟踪系统及其...	• CN102331808B	天津光电惠高电子有限公司	授权	9.27%

图 4-6　专利前置评审系统查重综合评估列表页面

图 4-7　专利前置评审系统查重评估报告页面

本章参考文献

[1] 赵哲.高价值专利培育的法律问题研究[D].北京:中国社会科学院研究生院,2018.

[2] 王子焉,刘文涛,倪渊,等.专利价值评估研究综述[J].科技管理研究,2019,39(16):181-190.

[3] 田海燕.高校专利申请前评估:中美差异及启示[J].创新科技,2021,21(3):49-56.

[4] 国家知识产权战略网.高校专利申请前应评估七大问题[EB/OL].(2020-11-05)[2021-08-25]. http://www.nipso.cn/onews.asp?id=51308.

[5] 黎子辉.高校专利申请前评估工作体系的构建[J].中国高校科技,2021(Z1):107-111.

[6] 墨进知识产权.浅谈高校专利申请前评估(Ⅲ)[EB/OL].(2021-08-20)[2021-08-25]. https://mp.weixin.qq.com/s/zDYStco1nPl36ZdbNbGqCw.

[7] LANJOUW J O, SCHANKERMAN M A. Stylized Facts of Patent Litigation: Value, Scope and Ownership[R]. 1997.

[8] 谢顺星,高荣英,瞿卫军.专利布局浅析[J].中国发明与专利,2012(8):24-29.

[9] PARK Y, PARK G. A new method for technology valuation in monetary value: procedure and application[J]. Technovation, 2004, 24(5): 387-394.

[10] HOU L J, LIN Y H. A multiple regression model for patent appraisal[J]. Industrial Management & Data Systems,2006,106(9):1304-1332.

[11] 樊婧婧.英美高校知识产权转化制度比较研究及其对我国的启示[D].徐州:中国矿业大学,2017.

[12] 曹子傲.科技创新视角下欧洲专利制度演变规律及其启示[D].郑州:中原工学院,2020.

[13] 王金花.德国政府资助科研项目成果归属及收益分配浅析[J].全球科技经济瞭望,2018,33(9):36-41.

[14] 饶凯,孟宪飞,Andrea Piccaluga,等.英国大学专利技术转移研究及其借鉴意义[J].中国科技论坛,2011(2):48-154.

[15] 范硕,李俊江.剑桥大学科技商业化的经验及启示[J].中国科技论坛,2011(6):157-160.

[16] 杨巍,彭洁,高续续,等.牛津大学科技成果转化的做法与思考[J].中国高校科技,2015(9):60-63.

[17] KOICHIRO,KATO,KAZUYOSHIISHII,SHIGETOSHI SUGAWA. Research of invention evaluation for patent application decision making support[J]. Journal of Information Processing and Management,2006,49(3):105-112.

[18] KOICHIRO,KATO. Research of relation between patent application strategy and invention evaluation on technological oriented company[J]. Development Engineering,2007,26:21-30.

[19] 李小丽,何榕.日本 TLO 运行策略研究及启示[J].当代经济,2014(3):134-136.

[20] 日本专利代理人协会.关于专利价值需求评估的报告[EB/OL].(2002-04-01)[2021-08-29]. https://www.kantei.go.jp/jp/singi/titeki/kettei/020703taikou.html#0-0.

[21] 国家知识产权局专利管理司,中国技术交易所.专利价值分析指标体系操作手册[M].北京:知识产权出版社,2012.

[22] 李欣,范明姐,黄鲁成.基于机器学习的专利质量评价研究[J].科技进步与对策,2020,37(24):116-124.

[23] 王舒,马新宇,彭博,等.高校高价值专利评估的理论探讨[J].中国高校科技,2020(S1):15-18.

[24] 长安大学.关于印发《长安大学专利申请事前评估办法(试行)》的通知[EB/OL].(2021-02-04)[2021-08-29].http://xxgk.chd.edu.cn/info/1032/3915.htm.

[25] 福建工程学院.专利申请流程和注意事项[EB/OL].(2021-01-24)[2021-08-29].

https://kyc.fjut.edu.cn/zscq/list.htm.

[26] 华南师范大学. 华南师范大学专利申请及授权办事流程指引[EB/OL].(2021-06-18)[2021-08-29]. https://statics.scnu.edu.cn/pics/kjc/2021/0618/1624000697956295.pdf.

5 高校专利申请前评估方法与流程

本章在前述分析的基础上，全面梳理高校专利申请前评估的特点与方法，综合考虑高校专利申请的特点，以及技术、市场、法律等多重维度，充分发挥高校知识产权管理机构、评估服务机构、专利代理机构等相关参与对象的专业优势，提出了适用于高校专利申请前评估的工作方法与流程。

5.1 高校专利申请前评估方法

国内专利申请前评估尚处于探索阶段，走向成熟和完善仍然需要学界进一步的研究讨论和实践。基于对国内高校专利申请前评估现状的调查与分析，本研究认为，高校专利申请前评估方法，既可以分为软件评估法和人工评估法，又可以分为发明人自评、专家评估、机构评估。

5.1.1 软件评估法

软件评估法是目前解决高校专利申请前评估中评估客体量大、人才不足最有效的方法。它利用软件工具的机器学习、自然语言和大数据技术，通过对待评估的技术进行自动检索、分析和统计，获取待评估技术的法律、技术、市场价值，了解所在领域的竞争环境等。软件评估法的有效使用可以辅助高校专利申请前评估人员从法律、技术、经济等方面对技术方案进行辅助判断。由于专利申请前评估需要对全球专利文献和期刊文献进行检索，因此软件评估法依赖的软件工具应具备智能语义检索功能，并且以大数据为基础，全面考虑专利的法律、技术、市场等多方面价值，构建综合性评价指标，并对各种指标赋予权重,能够对专利进行精准识别与认定。

目前,国内应用于专利申请前评估的软件不多,有部分企业开发了从不同角度评估发明技术的信息服务系统。北京墨进知识产权服务有限公司的评估系统从市场价值的角度开展评估,广州奥凯信息咨询有限公司从专利的三性和三维价值角度进行评估,都是有益的尝试。由于软件的算法不同,应用软件工具的结果只能作为参考的依据,最终结论还是要人工分析后做出判断。

5.1.2 人工评估法

人工评估是由专业技术人员针对发明创造的法律价值、技术价值、市场价值开展评估,主要基于人工专利检索结果,从多方面进行专利分析,对发明创造进行技术对比和市场预判。相对于软件评估,人工评估可以充分利用专业人才的知识洞察力,必要的时候可以辅以文献调研、实地走访等多种方法,其工作更加深入细致,对于评估结果的判断更加全面。同时,评估过程中专业人员可以方便地与委托人进行沟通,对专利检索结果进行调整,使分析评估结果更客观有效。但人工评估对专业人员的素质要求较高,同时结果也容易因人而异,一定程度上受专业人员学科背景、眼界学识等因素的影响,与软件评估相比,人工评估耗时长、过程烦琐。实际工作中,通常将软件评估与人工评估相结合,这是未来高校开展专利申请前评估的主要方法。

5.1.3 发明人自评

发明人自评,主要评估技术新颖性、技术创造性、技术成熟度、技术实用性、技术市场应用前景等内容,可以以发明披露表的形式,在发明披露表中明确设置一栏"自评",或者在提交材料的时候将自评报告作为附件单独提交。为了激励发明人参与到专利申请前评估工作中来,对发明人自评的相关内容可以不做强制规定,但通过发明人填写发明披露表的形式,可以更大范围地获取发明相关信息。发明披露表模板可参考表5-1。

表 5-1 发明披露表参考模板

1. 申报人信息			
姓名	所在院系		联系方式

2. 发明名称：

3. 发明摘要（请提供本发明的简要内容）

4. 发明是否源自项目？（如是，说明项目来源及简要项目信息，包括项目名称、项目编号、经费来源、项目内容等）

5. 发明是否为与其他企事业单位合作开发？如是，请提供以下信息：
　　单位名称：
　　合作方式：
　　是否签订合同：□是 □否
　　知识产权归属：□联合　□我方　□合作方

6. 发明人（请列出对本发明的设计和实现做出创造性贡献的人员，简要描述每个人对本发明所做出的创造性贡献及其贡献比例）

姓名	所在院系	身份（教师/学生）	创造性贡献（%）

7. 发明具体内容

7.1　本发明应用所属领域及相近领域

7.2　现有技术情况说明

7.3　本发明技术要点（包括技术先进性、技术关联度、技术成熟度、技术依赖性、是否有替代技术方案、与其他技术的竞争优势等内容）

7.4　本发明应用市场前景（现有技术产品市场概况、预期收益等）

7.5　是否已自行开展申请前检索？（如是，请提供检索报告单）

续表 5-1

8. 其他与本发明相关的重要信息
8.1　本发明是否已实施或做好实施准备工作（制造产品、使用或者已经做好制造、使用的必要准备）？
8.2　本发明是否已经或将要在会议、展板、期刊（包括网络版）或其他公众已知信息渠道上公开？（如是，请提供相关信息，包括渠道名称、发表/预计发表日期、公开的具体内容、公开的内容与本发明是否有实质性区别等）
8.3　本发明的设计是否有来源于其他单位的内容？
8.4　本发明潜在的产业化实施主体有哪些？

5.1.4　专家评估

专家评估是人工评估中重要的一环，主要对结论为开展高价值专利培育和不建议申请专利的评估结果进行复核，必要时针对发明披露表、技术交底书的技术内容进行把关，并根据其经验对技术内容的客观性、准确性及其市场价值提出参考意见。其他在人工评估中出现的困难也可咨询相关专家。

参与专利申请前评估的专家团队应包括技术专家、产业专家和知识产权领域专家等。技术专家可以为所在学院的教授或聘请相关单位的学术带头人，主要为发明创造的技术价值评估提出意见；产业专家需要对某一行业的发展历史、技术趋势、市场导向等有一定的把握，主要在市场价值评估中提供意见；知识产权领域专家可提供法律方面的相应指导。

5.1.5 机构评估

通过调研发现，有的高校将专利申请前评估工作外包给有资质的第三方服务机构，有的高校邀请代理机构参与到专利申请前评估工作中。基于专利申请前评估的公正性、保密性等特点，本研究认为，高校专利申请前评估工作应该重点依托各高校知识产权信息服务中心。近年来，越来越多的高校成立了知识产权信息服务中心，更有 80 所高校获批为高校国家知识产权信息服务中心，而 2021 年修订的《高校知识产权信息服务中心建设实施办法（修订）》明确提出"为高校职务科技成果披露、专利申请前评估、重点实验室评估、前沿学科立项等工作提供服务支撑"是知识产权信息服务中心的工作之一。各服务中心大都挂靠在高校图书馆，以原有的查新团队或学科服务团队为基础开展工作，注重与学校科研管理部门的合作，并联合资深专家及具有知识产权教学经验、专业学科背景的人才组成服务团队，开展专利咨询、专利宣传和培训教育、专利检索和分析服务，他们有资源、有工具、有人员，完全有能力参与到评估工作中来，能够更好地切合学校科研工作实际，使得全流程开展专利申请前评估工作得以落实。另外，高校知识产权信息服务中心代表学校的利益，对学校负责，能更好地保守国家机密，相对社会上的第三方知识产权服务机构更适合高校专利申请前评估工作。

5.2 高校专利申请前评估流程

高校专利申请前评估，主要是指在高校科研课题从立项到向国家知识产权局正式递交专利申请之前的这段时间内，对科研目标的选取、技术路线的创新以及科研成果专利的质量把关等不同阶段的科研工作提供信息支撑，帮助科研成果转化为社会生产力。现阶段，高校专利申请前评估具有学科领域复杂、申请量大、需求不同、参与对象多等特点。评估工作要考虑高校创新成果保护的特点，兼顾各方利益，既要提高高校专利的质量，减少或杜绝劣质专利，又要发掘高价值专利，维护国家创新成果，为国家科技进步、社会生产力的发展做出贡献。同时，还要做到依法依规。所以，专利申请前评估的每一个步骤都十分重要，需要慎终如始。

5.2.1 评估总体流程

专利申请前评估流程涉及发明人、评估服务机构、专利培育机构、专家团队及专利代理机构等多个方面，要做好专利申请前评估，首先要厘清各方的关系。学校知识产权管理机构，其任务是制定专利申请前评估政策，提出专利申请前评估要求，对科研团队专利申请前评估给予支持和制约；科研团队，专利申请前评估的直接责任人，受知识产权管理部门的指导，在提交了专利申请前评估委托书后与专利评估机构形成委托关系；评估服务机构，受理科研团队的专利申请前评估委托，根据科研管理部门的规则进行评估，必要时向知识产权管理部门提交评估数据。评估服务机构和专利培育机构可以是同一服务机构，比如高校知识产权信息服务中心，但为了避免评估结果不客观，专利代理机构不宜与评估服务机构重合。

总体上来说，本研究认为，高校专利申请前评估大致可以分为初评阶段、实质评估阶段、专利培育阶段、申请文本评估阶段。整个评估流程如图 5-1 所示。

5.2.2 初评阶段

初评阶段的内容大致包括评估委托、评估受理、分类分级管理。

（1）评估委托。发明人向评估服务机构提交评估委托书、发明披露表、技术交底书等相关材料，内容应涵盖发明创造所属科学技术领域、要解决的技术问题、解决技术问题所采用的技术方案、达到的技术效果及应用范围，对技术新颖性、技术创造性、技术实用性、技术成熟度、技术转化可能性等方面的自我评价，学院学术委员会的意见，等等。有条件的可附单独的自评报告、新颖性检索报告或前期知识产权分析报告等。表 5-2 为专利申请前评估服务委托单模板。

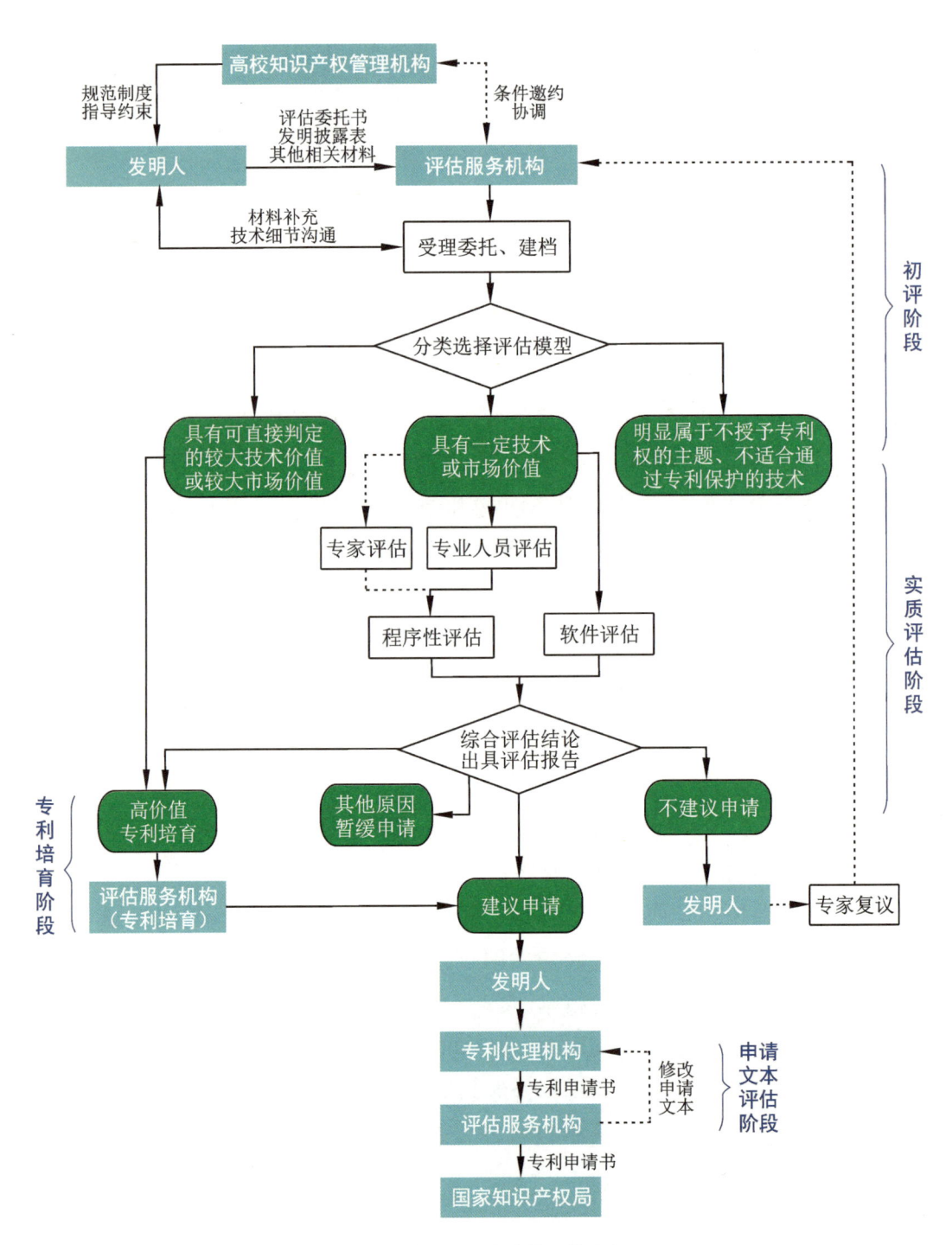

图 5-1　高校专利申请前评估流程

5 高校专利申请前评估方法与流程

表 5-2 专利申请前评估服务委托单

委托单编号： 委托时间： 年 月 日

委托单位	项目名称				
	单位名称				
	通信地址				
	负责人		电话：		E-mail：
	联系人		电话：		E-mail：
受理机构	机构名称				
	通信地址				
	联系人		电话：		E-mail：
期望完成日期					
资料提供	□1. 发明披露表 □2. 技术交底书 □3. 其他相关材料（专利查新报告、知识产权分析报告等）				
备注					
委托人签名					

（2）评估受理。评估服务机构受理评估委托，通过与委托人进行沟通，对发明人所提交材料的完整性进行把关，需要补充材料的要求委托人补充材料，并对每项申请建档。

（3）分类分级管理。评估服务机构根据发明人自评材料、学院学术委员会意见，必要的时候专家可介入，对发明创造进行初评，给出分类分级结果：

①具有可直接判定的技术或市场价值的，经专家认定直接走高价值专利培育程序着手专利申请；②明显属于不授予专利权的主题、不适合通过专利保护的技术等，不建议申请；③具有一定技术价值或市场价值的，可根据其不同性质如理科与工科、基础与应用、学科特殊评价等进入下一步评估程序。

5.2.3 实质评估阶段

这一阶段的工作主要是选择评估指标对发明创造的价值进行评估，重在技术价值和市场价值，可能会涉及部分法律价值。评估方法为在软件评估的基础上进行专业人员评估，必要的时候专家介入评估。

（1）确定评估指标。各高校可视具体情况，根据委托评估目的或项目性质选择不同的评估指标及取值，同一个学校可以视不同的专业、不同的技术类型或其他分类的不同选择不同的指标体系，这个事先应该有所规划。比如，以技术创新为主要特点的项目，可以在技术价值的指标赋值上有所偏重，而以转化为目的项目，其市场价值指标权重可以高些。

（2）软件评估。评估机构可根据自购或合同规定的评估工具进行评估。

（3）人工评估。人工评估分为专业人员评估和专家评估。专业人员按委托评估项目的技术特征，与发明人沟通，确定检索要素，制定检索策略，进行数据检索，根据选定的评估指标对发明创造的技术价值、市场价值等进行分析，必要时咨询相关专家，并对结果进行可视化或文字描述。

（4）综合评估结论。评估服务机构综合发明人自评、软件评估、专业人员评估及专家意见等，得出分析结论。分析结论主要从技术价值和市场价值方面给出意见，可以列表打分的形式呈现，辅以文字表述。

（5）出具评估报告。评估报告应包括委托项目相关情况（名称、内容、委托人、时间、联系方式等）、评估工具、评估方法说明、分析结论、参考文献列表等内容，如果有专家复核意见，应该附上专家复核意见。评估报告应该给出最终评估结论：①对技术成熟、有较大市场价值、无明显法律瑕疵者，建议申请；②缺乏创新性，有重大法律瑕疵或无实用价值的，不建议申请（涉及国家安全、技术保护困难的则建议作为技术秘密）；③有潜在技术、市场价值，但是技术不成熟、市场发育不完善的，建议暂缓申请；④可以进一步挖掘布局进行高价值专利培育的，进入高价值专利培育程序。评估报告模板在附录一中展示。

另外,对评估报告意见有异议的,科研团队可以进行一次复议或专家复议,复议结论相同者不应该再反复复议。原则上,复议意见相同者应该作为新的委托项目处理。已经做出结论后,又提交了补充材料的,也应该作为新的委托项目处理,在档案上可以合并或作为附件管理。

5.2.4 专利培育阶段

专利培育主要是指具有一定资质的第三方知识产权服务团队为委托人提供专利检索、分析布局等定制化的知识产权服务,孵化出有价值的、贴合市场需求的专利技术,以更好地助力科研成果的转化落地。综合考虑高校经费支出有限、知识产权管理人员短缺等现实情况,并非所有的项目都需要经过专利培育流程。

本研究认为,对有潜在扩展价值,在技术或市场方面有较好前景,但技术不成熟、专利布局不够完善的委托,建议进入高价值专利培育体系或者委托相关服务机构开展专利导航、分析、布局等专业服务。例如数据不充分可能会使一项发明难以获得专利,较小的潜在市场或较高的潜在开发成本可能会使一项发明难以获得许可,因此需将专利培育嵌入专利申请前评估过程中,从技术如何获得更加稳定的权利和更全面的保护角度,评估发明成果的先天不足,合理规划发明成果的专利申请时间、地域,以及在条件适宜的情况下对发明成果进行修改和完善。

专利培育是一个复杂而长期的过程,在这里不做详细阐述。

5.2.5 申请文本评估阶段

这一阶段是在专利申请提交国家知识产权局前对专利申请文本质量的评估,主要涉及发明创造的法律价值方面,只对建议申请专利的项目来实施。发明人委托代理机构撰写专利申请文件,评估服务机构根据之前的评估结果,结合发明人技术交底书的相关内容及代理机构资质,对专利申请文本质量进行最后的把关。如权利要求是否恰当地体现了技术的保护范围,说明书是否有足够的试验数据和实施案例,等等。有的背景技术中非技术非经济因素过多,没有标注必要的重要的参考文献,会给实质审查工作带来不便,延长审查周期，同时也给发明人答复实审意见带来难度，这些都是专利申请前评估中需要特别关注的。

本章参考文献

[1] 王舒,马新宇,彭博,等.高校高价值专利评估的理论探讨[J].中国高校科技,2020(S1):15-18.

[2] 梁燕,吴锡尧,张素娟,等.高校专利评估现状、影响因素及其对策研究[J].科学学与科学技术管理,2004(4):48-50.

[3] 梁燕.高校专利评估价值现状、影响因素及其对策研究[J].成都理工大学学报(自然科学版),2003(S1):252-253.

[4] 李亮.高校专利申请前分类及不同类别申请前评估模型的建立[J].云南科技管理,2021,34(4):12-16.

[5] 田海燕.高校专利申请前评估:中美差异及启示[J].创新科技,2021,21(3):49-56.

[6] 黎子辉.高校专利申请前评估工作体系的构建[J].中国高校科技,2021(Z1):107-111.

[7] 赵晓东,冯勋伟.同日申请发明和实用新型作为专利价值评估指标的探讨[J].中国发明与专利,2018,15(1):123-127.

[8] 周俊,张国平.常熟市专利申请和专利授权状况之评估分析[J].常熟理工学院学报,2008(7):41-45.

[9] 教育部科技发展中心.2002年高校专利申请前50名排序[J].中国高等教育,2003(12):9.

[10] 王会丽,王岩.高价值专利培育在高校"双一流"建设中的作用探析[J].河南科技,2020,39(33):40-44.

[11] 杨宝杰.提升专利质量培育高价值专利——评《高价值专利培育与评估》[J].经济研究导刊,2019(22):199.

6 高校专利申请前评估实践研究

高校作为科技成果的重要产出地，在中国科技创新体系中占据着非常重要的地位。随着近年来国家对知识产权的高度重视，高校专利申请量飞速上升，但由于多方面的原因，导致高校专利总体质量不高。本章将从高校专利申请的误区出发，结合实际案例，解读开展高校专利申请前评估的必要性，并对前面章节中提出的高校专利申请前评估方案进行实例验证。

6.1 高校专利申请误区

专利申请是一项高度专业且过程复杂的工作，高校科研人员往往对其了解不深，一方面不太明了专利的战略意义，通常只关注手持专利的数量和授权率等表观数据；另一方面，迫于项目结题期限和科研绩效考核，科研人员只希望专利申请能尽快获得授权。基于这些认识，近年来高校专利申请量虽然爆发性增长，但专利转化应用未见同比率增加。根据专利审查的实践经验，高校专利申请还存在几大误区。

误区一：先发表论文再申请专利

一些高校科研人员在完成科研项目、取得科研成果后，会先发表论文再申请专利，这样的专利往往不会获得授权。因为在专利新颖性审查要求中，专利申请日前的一切公开技术均视为现有技术，公开发表在论文上的技术当然也会被作为现有技术，专利审查员一旦检索到该技术已经在论文上发表，该专利授权的可能性就为零。

误区二：知识产权权属约定不明

随着知识产权意识的提高及校企间合作的加强，越来越多的企业开始通过与高校联合研发的方式参与市场竞争。合作开发促进和刺激了新技术的研发，与此同时，因产学研合作开发的知识产权权属约定不明而产生的问题也不断浮现。另外，《专利法》规定，职务发明创造申请专利的权利属于该单位，但实际中有高校职务发明技术成果被课题主持者以个人或其亲朋好友的名义申请非职务专利的案例，因此，针对是否为职务发明导致的权属纠纷也存在。

误区三：缺乏高价值专利布局意识

高校科研人员作为高校专利申请的主力，在目前的体制下不可能有太多精力关注与专利技术相关的市场、商业、法律问题以及专利申请技巧，而这些又是高质量专利产生及转化的前提。在高校的专利申请中，绝大多数都是以高校科研人员为主导的缺乏布局策略的零散申请，根据产业发展趋势、竞争对手情况开展高价值专利布局的申请较少，导致有些本身经济价值较高的发明创造没有得到更好的保护。

误区四：独立权利要求越详细越好

专利是以公开换保护，就是通过说明书的内容公开来获取权利要求书的保护范围，因此权利要求的保护范围是专利申请书中关键的一环。为了追求更大的保护范围，权利要求书尤其是独立权利要求书应尽可能用上位、概括的语言，以尽可能少的技术特征来描述技术方案。这样的权利要求看上去过于简洁，却可以获取更大的保护范围。但一些高校科研人员觉得专利申请书描述得越细越好，这其实是一种认知误区，权利要求描述得很详细，虽然可以让专利申请更容易获得授权，但是保护范围很窄。

6.2 案例一：评估避免重复提交专利申请

实际上，许多高校和科研工作者在不断探究科研问题的同时，往往注重发表学术论文而忽略在第一时间进行专利申请。由于学术论文侧重于机理讨论，其发表并不严格区分新颖性，哪怕技术方案已经被公开，可为公众所获知，也不会影响其顺利发表。但是对于专利而言，其申请具有严格的实质审查要求，这也是许多科研工作者做出科研成果以后，优先发表论文而导致专利申请被提前公开的重要原因。

北京某大学于2011年12月5日提交了一件名为"一种用于某内燃机的点火系统"的发明专利申请，权利要求1的技术方案如下："一种用于某内燃机的点火系统，包括：在气缸盖上设置的氢气喷嘴，所述氢气喷嘴位于氢内燃机的气缸顶部的中间位置；以及在气缸盖上设置的两个火花塞，所述两个火花塞分别位于所述气缸的在进气门和排气门的界面上的两侧顶端的位置。"

审查员于2015年2月28日发出第一次审查意见通知书，对比文件1为一篇题为"某内燃机缸内混合气分布及点火装置"的期刊文献（发明人之一于2010年12月发表在《内燃机学报》第28卷），其公开了"一种用于某内燃机的点火系统"的发明专利申请的大部分技术特征。第一次审查意见通知书发出后，申请人未在法定期限内答复，根据《专利法》第三十七条的规定，该发明专利申请于2015年9月21日视为撤回。

上述案例中，一方面，如果高校开展专利申请前评估，发明人在发明披露表中如实记载相关论文发表情况，则在评估的初评环节就可获得反馈，本案可以避免重复提交，发明人没有必要再找代理机构撰写专利申请书，从而避免时间和金钱的浪费。另一方面，如果该发明创造确实具有较大的技术价值或市场价值，发明团队可通过评估服务机构选择开展专利培育，在原有的技术方案上做改进性研究，以期获权。

6.3 案例二：是否为职务发明导致的权属纠纷

高校中的科研人员是创新力量的源泉，高校会投入资金、技术、设备等资源，让科研人员对立项的技术方案进行研发和创造。部分科研人员区分不清楚或故意混淆职务发明和非职务发明的界限，把职务发明私自转化了。另外，在人员流动、教师兼职、对外合作、技术合同审查等方面，由于知识产权管理人手不够或者是知识产权保护意识不强，存在大量知识产权流失的现象。

罗某为某高校的技术研发人员，其接受 A 高校的指派研制出一种离心雾化法制备球形锡合金粉末的装置，后罗某以个人名义将该装置申请专利并获得授权。A 高校认为，为支持罗某对该技术的研发，A 高校出资对原实验室的部分装置和厂房进行了改造，并提交了厂房和设备照片、铝粉课题组 2002—2004 年的账本等，以证明涉及罗某的资金费用约 100 万元，该发明应属于职务发明，专利权归属 A 高校所有。罗某认为该技术发明不是在工作时间完成，而是其本人利用休息时间在晚上构思完成的，属于非职务发明，专利权应归其个人所有。双方发生纠纷。

该案中，A 高校依据罗某提出的技术方案和专用设备图纸、通用设备的技术要求等，以 A 高校的名义加工、订购了电主轴、变频器等相关设备，并利用原实验室的部分铝粉装置设备和厂房进行了改造，在此过程中均使用了 A 高校铝粉课题组的经费。即涉案专利技术方案属于利用了 A 高校的物质技术条件所完成的发明。根据《专利法》第六条第一款的规定，以及《专利法实施细则》第十二条第二款"专利法第六条所称本单位，包括临时工作单位；专利法第六条所称本单位的物质技术条件，是指本单位的资金、设备、零部件、原材料或者不对外公开的技术资料等"的有关规定可知，涉案专利亦属于职务发明创造，其权属应归单位即 A 高校所有。因此，只要是执行本单位任务或者主要是利用本单位的物质技术条件完成的发明创造，均应属于职务发明创造。

因此，在高校专利申请前评估中，要求发明人如实填写并提交发明披露表是非常有必要的，关于知识产权权属确认的相关信息可以在发明披露表中体现出来。

6.4 案例三：高价值专利培育

2020 年，上海交通大学医学院发布了"增强激动型抗体活性的抗体恒定区序列"成果转化项目公示。① 许可技术内容：甲方（上海交通大学医学院）将许可专利（申请号为201710429281.6的中国专利、申请号为PCT/CN2017/087620的PCT专利以及上述专利在全球范围内的同族专利、分案、再申请以及再授权）在许可靶点（肿瘤坏死因子受体超家族成员5）范围内的专利权以及相关技术秘密的使用权以独占实施许可的方式授权乙方[劲方医药科技（上海）有限公司]在许可地域内实施。合同费用及支付方式：入门费（50万元）＋付费里程碑（研发里程碑、销售里程碑）＋年净销售额提成（3%）＋分许可费的方式。这是一个通过专利培育合理进行专利布局，增大专利运用价值的典型案例。

肿瘤免疫治疗近年取得了重大突破，这得益于通过阻断免疫抑制节点，提高免疫细胞活性杀灭肿瘤的抗体的使用，但是目前仍有大量癌症患者对已有治疗手段没有应答。因此，一方面需要对目前已有的肿瘤免疫治疗手段进行优化，另一方面亟须研发新的肿瘤免疫治疗药物。需要特别指出的是，有一类被称为"激动型抗体"的肿瘤免疫治疗手段，能够通过结合免疫细胞表面传递免疫激活信号的靶标分子并激活其控制的重要免疫激活信号通路，进而增强抗肿瘤免疫应答，间接杀死肿瘤细胞。上海交通大学医学院某教授在小鼠试验中发现，激动型抗体的可结晶段在特定条件下能增强抗体活性，消灭肿瘤细胞。这一成果于2011年发表在国际顶级学术期刊《科学》上。经过多年研究，该教授团队改造后获得了能显著增强人体靶点活性的激动型抗体，并于2016年在国内提交了专利申请。通过评估可以发现，该成果在2011年发表的论文中有部分提前公开，如果以专利申请中所述的试验数据申请专利，很可能得不到较大保护范围的授权。为此，团队重新设计多项试验，利用新的试验数据于2017年申请了中国发明专利"增强激动型抗体活性的抗体恒定区序列"，该申请享受2016年提交的专利申请的专利优先权，其摘要附图如图6-1所示。

该专利申请提供可增强激动型抗体或激动型分子（包含重链恒定区序列的融合蛋白）活性的重链恒定区序列和分子，以及基于该重链恒定区而构建的抗

---

① 上海交通大学医学院. 成果转化项目公示："增强激动型抗体活性的抗体恒定区序列"项目[EB/OL]. (2020-12-28)[2021-09-19]. https://www.shsmu.edu.cn/news/info/1023/20045.htm.

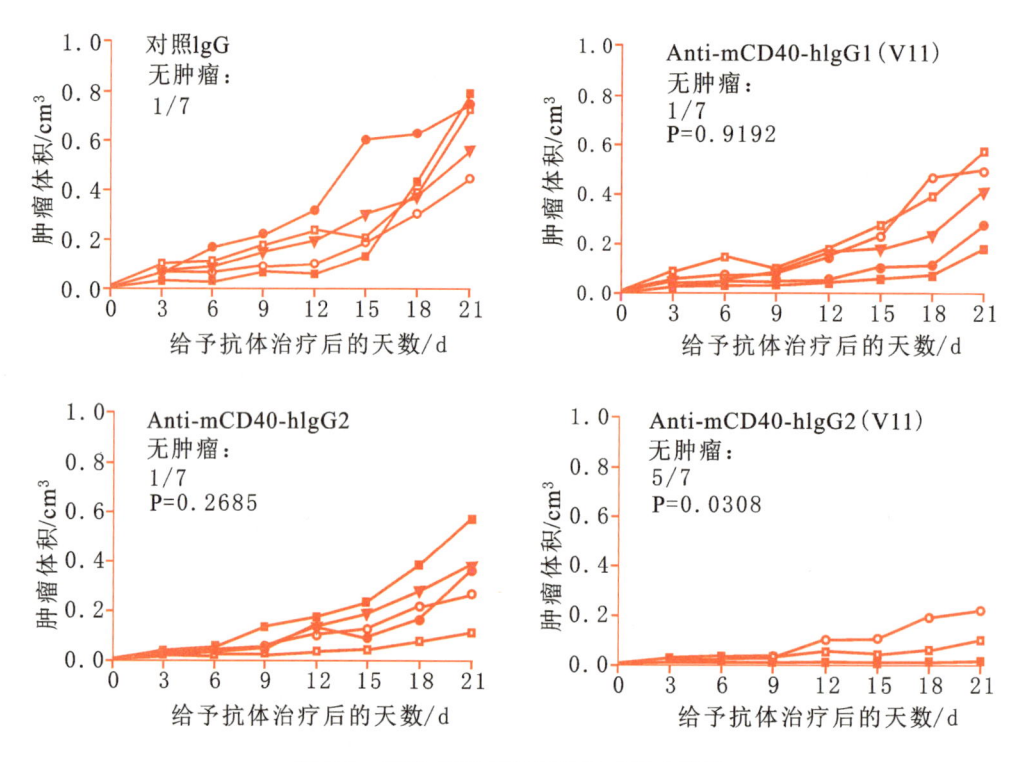

图 6-1　专利 CN201710429281.6 相关情况

体或融合蛋白。经过审查答复，专利保护的肿瘤种类和抗体数量都很可观，此后又申请到美国、欧盟和日本的专利。

从上面的描述中可以看出，该案例虽然经历了论文提前披露、专利申请文本质量撰写不佳等先天不足，但通过评估，确定其具有较大的技术价值和市场价值，后通过专利培育对技术进行了完善，优化了试验数据，并在撰写权利要求时加大其保护范围，同时进行了海外布局的合理申请策略，为后续专利许可提供了坚实的权利保障，增加了专利运用价值。

6.5　案例四：申请文本评估

在高校专利申请中，有不少经济价值较高的专利申请为获得专利权，权利要求描述了过多的技术细节，导致权利要求范围过窄，极容易被规避。

江苏某大学围绕核心技术"一种轴向喂入式稻麦脱粒分离一体化装置"布局了23件发明专利,并以专利许可的方式应用于履带式联合收割机龙头企业,建成多条高效能联合收割机生产线,形成了年产6万台的生产能力,近3年共销售产品86082台。[①] 经过分析可以发现,该项核心技术的带头人累计申请了400余件专利,其中许可专利数量45件,充分反映出其创新成果具有良好的商用价值,是高校专利申请前评估的重点对象。然而上述45件发生许可的专利中仅有17件专利仍然维持有效,其余28件专利已经失效,并且维持年限最长仅9年,平均维持年限为5.4年。

专利维持年限短与良好的商用价值形成了强烈的反差,其原因在于早期的专利未做过专业的专利申请前评估与专利培育。以专利"一种四自由度混联振动筛"为例来分析。该专利于2011年10月申请,2013年获得授权,2015年专利实施许可,2018年因未缴年费终止专利权。其授权专利权利要求如图6-2所示。

从图6-2中可以看出,该专利仅两项权利要求,独立权利要求一共1305个字,描述了诸多非必要技术特征,导致所限定的权利范围非常狭窄,虽然容易获得授权,但是也极容易被规避。

如果申请前对该专利进行评估,在初评阶段通过发明披露表及与发明人的沟通,可以初步判断出其技术较先进,有较大的应用潜力,可以推广使用。在实质评估阶段,通过专利检索可以获取该发明成果的现有文献基础(详见图6-3)。

该发明团队同年提交了发明专利申请"一件三自由度混联振动筛",这对本发明成果的专利授权可能存在一定的影响,但通过对比发现,本发明创造能实现空间两个移动、两个转动共四个自由度的振动,能克服现有振动筛的技术缺陷,提高筛分效率和筛分作业的单位时间处理量,其核心在于多个移动副的设置。因此,该专利申请仍然有较大的技术价值。

在申请文本评估阶段,可以对权利要求1中的非必要技术特征进行删除,

---

① 江苏省教育厅. 江苏大学:打响国产联合收割机的"金"品牌[EB/OL]. (2019-05-15)[2021-09-19]. http://doe.jiangsu.gov.cn/art/2019/5/15/art_74546_8338756.html.

1. 一种四自由度混联振动筛，其特征在于：
由底座（1）、振动机构和筛箱（7）组成，振动机构为一种混联机构4SPR-P，振动机构包括曲柄滑块机构（2）、支架（3）、中间平台（4）、Y左支链（8）、Y右支链（5）、X前支链（6）、X后支链（9）；所述底座（1）上方布置一个曲柄滑块机构（2）；支架（3）的底部安装在曲柄滑块机构（2）上，支架（3）上端与中间平台（4）固连；筛箱（7）布置在中间平台（4）的上方，在筛箱（7）和中间平台（4）之间联接有Y右支链（5）、X前支链（6）、Y左支链（8）和X后支链（9），所述筛箱（7）与中间平台（4）及Y右支链（5）、X前支链（6）、Y左支链（8）和X后支链（9）组成一个4SPR结构的并联机构；所述Y右支链（5）、X前支链（6）、Y左支链（8）、X后支链（9）的结构相同，都由球副（S）、移动副（P）和转动副（R）依次串联成结构为SPR的支链，上述的四个支链并联后组成了并联机构4SPR，并联机构4SPR再串联一个由曲柄滑块机构驱动的移动副（P）后构成混联机构4SPR-P；所述曲柄滑块机构（2）由转动副R_{13}（15）、转动副R_{12}（12）、转动副R_{11}（18）、移动副P_{01}（10）、移动副P_{02}（14）、支座（13）、连杆L_1（17）、连杆L_2（16）和导轨（11）组成，连杆L_1（17）通过转动副R_{11}（18）与支架（3）的底部相连，连杆L_2（16）通过转动副R_{12}（12）与连杆L_1（17）相连，连杆L_2（16）通过转动副R_{13}（15）与支座（13）相连，支座（13）固定在底座（1）上，移动副P_{01}（10）和移动副P_{02}（14）分别与支架（3）的底部相连，在导轨（11）上移动；转动副R_{13}（15）为主动副；所述Y左支链由球副S_{32}（24）、移动副P_{32}（26）、转动副R_{32}（28）、连杆L_5（25）和连杆L_6（27）组成，所述连杆L_5（25）通过球副S_{32}（24）和筛箱（7）相联接，连杆L_5（25）通过移动副P_{32}（26）和连杆L_6（27）相联接，连杆L_6（27）通过转动副R_{32}（28）和中间平台（4）相联接，且移动副P_{32}（26）的轴线和转动副R_{32}（28）的轴线相垂直；所述Y右支链由球副S_{31}（23）、移动副P_{31}（21）、转动副R_{31}（19）、连杆L_3（22）和连杆L_4（20）组成，连杆L_3（22）通过球副S_{31}（23）和筛箱（7）相联接，连杆L_3（22）通过移动副P_{31}（21）和连杆L_4（20）相联接，连杆L_4（20）通过转动副R_{31}（19）和中间平台（4）相联接，且移动副P_{31}（21）的轴线和转动副R_{31}（19）的轴线相垂直；转动副R_{31}（19）的轴线和转动副R_{32}（28）的轴线相平行；所述X前支链由球副S_{41}（33）、移动副P_{41}（31）、转动副R_{41}（29）、连杆L_7（32）和连杆L_8（30）组成，连杆L_7（32）通过球副S_{41}（33）和筛箱（7）相联接，连杆L_7（32）通过移动副P_{41}（26）和连杆L_8（30）相联接，连杆L_8（30）通过转动副R_{41}（29）和中间平台（4）相联接，且移动副P_{41}（31）的轴线和转动副R_{41}（29）的轴线相垂直；所述X后支链由球副S_{42}（34）、移动副P_{42}（36）、转动副R_{42}（38）、连杆L_9（35）和连杆L_{10}（37）组成，连杆L_9（35）通过球副S_{42}（34）和筛箱（7）相联接，连杆L_9（35）通过移动副P_{42}（36）和连杆L_{10}（37）相联接，连杆L_{10}（37）通过转动副R_{42}（38）和中间平台（4）相联接，且移动副P_{42}（36）的轴线和转动副R_{42}（38）的轴线相垂直；转动副R_{41}（29）的轴线和转动副R_{42}（38）的轴线相平行。

2. 根据权利要求1所述的一种四自由度混联振动筛，其特征在于：
所述的转动副R_{31}（19）的轴线和转动副R_{41}（29）的轴线相垂直；转动副R_{13}（15）、移动副P_{31}（21）、移动副P_{32}（26）、移动副P_{41}（31）和移动副P_{42}（36）为机构的主动副。

图 6-2　专利"一种四自由度混联振动筛"的权利要求

保留必要技术特征，合理扩大权利要求的保护范围，使得对后续的改进形成权利覆盖。检索后可以发现，后续多所高校和企业均围绕该专利进行了相似专利申请，合理规避了案例中的技术特征，如鞍山重型矿山机器股份有限公司申请了 26 件有关振动筛的专利。

因此，在高校专利申请前评估中，对专利申请文本进行评估也是非常有必要的。

图 6-3 专利"一种四自由度混联振动筛"现有技术文献

6.6 评估方案全流程验证

从前述的研究中可以看出,高校专利申请中还存在多方面的问题,开展高校专利申请前评估是非常有必要的。本节基于实例(以下称"评估案例"),对本研究提出的专利申请前评估方案进行全流程验证。华中科技大学机械学院某科研团队与同济医学院科研团队共同研发了一种"智能远程尿动力学检测与诊断系统",委托该校知识产权信息服务中心(以下简称中心)进行专利申请前评估,该中心根据专利申请前评估流程开展评估工作。

6.6.1 初评

(1) 评估委托。委托人向中心提交了评估委托书、发明披露表、技术交底书等相关材料。具体如图 6-4 所示。

(2) 评估受理。发明人提交的材料比较齐全,中心通过与委托人进行沟通,确认受理该委托,并对该项委托建档,编号为 2021001。

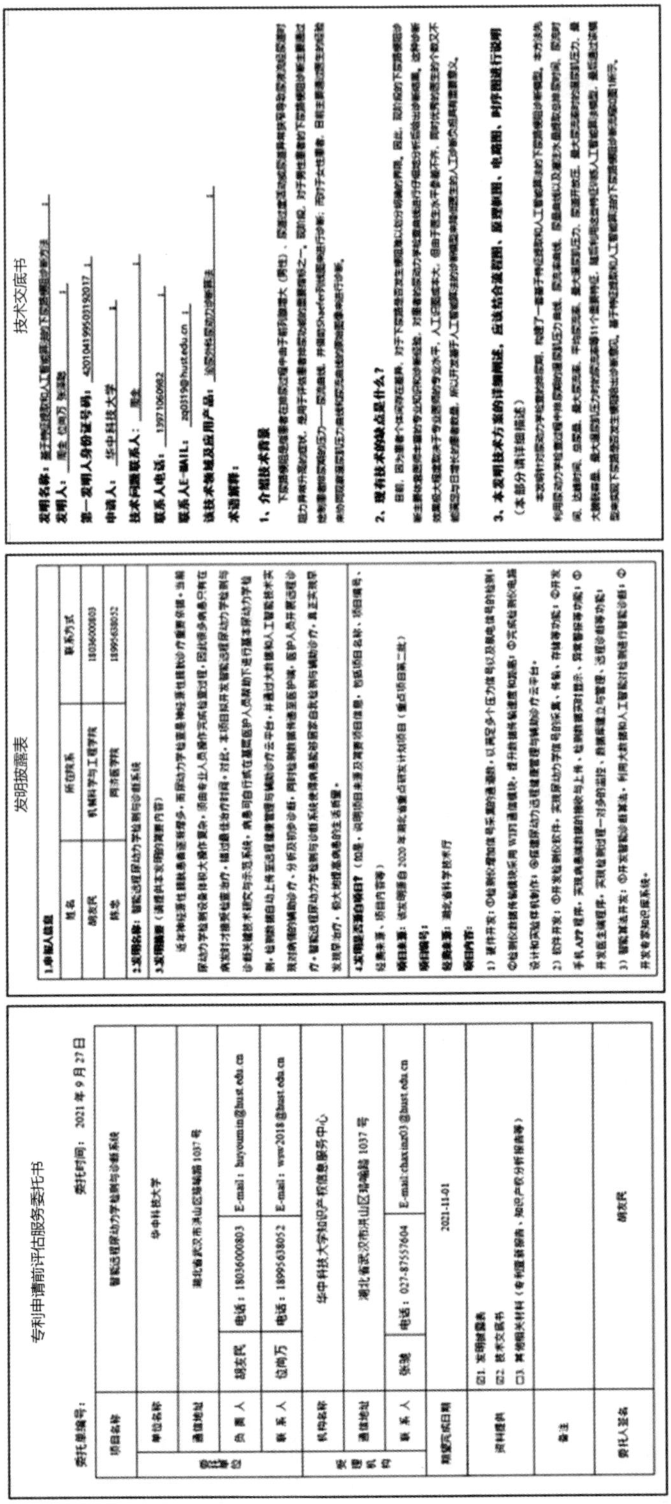

图 6-4 评估案例委托时提交的相关材料示例

(3) 分类分级管理。通过阅读委托人提供的发明披露表，并与委托人沟通，了解到该项目几年前就开始研发，属于较为典型的产学研合作项目，目前，有生产意向企业与使用单位已开发出智能检测样机、系统终端服务平台及部分算法，并即将开展动物试验。同时，发明披露表中，发明人阐述了其市场应用前景：国内尿动力学检测设备基本由国外公司垄断，检测精度不能完全满足检测需求，操作方式也不符合中国医护人员的习惯，更重要的是相应的检测国内仅少数三甲医院能做，基于上述现状，发明团队预测，该产品如果实现产业化，将占领全国90%左右的市场份额。经初步判断，该项目属于具有较大市场价值的技术，按评估流程可以直接建议申请专利。但根据与委托人的沟通，他们希望能通过评估更好地做好专利布局。因此，中心按一般技术进入下一步实质评估阶段。

6.6.2 实质评估

经过实质评估，中心对该发明创造给出了专利布局建议：技术涉及的软件方面，建议申请软件著作权；硬件和材料方面，建议申请 2 件发明专利、1 件实用新型专利。下面以其中建议申请的实用新型技术"一种便携式尿动力学检测系统"为例，对实质评估过程进行阐述。

1. 确定指标体系

经与委托人沟通，并根据该技术申请专利的目的（产业化应用），中心确定了指标体系：技术价值权重 40%，具体包括技术新颖性、技术先进性、技术替代性、技术成熟度、技术生命周期、技术应用范围、团队支撑度、技术防御力等 8 个指标；市场价值权重 60%，具体包括完备程度、市场实施度、市场推广度、同类专利价值、领域实施热度等 5 个指标。

2. 软件评估

利用参与单位北京墨进知识产权服务有限公司的软件进行评估，获得技术新颖性、技术创造性、技术先进性、领域实施热度等相关指标的参考信息。

3. 人工评估

按委托评估项目的技术特征，与发明人沟通，确定了检索要素与检索策略，在国家知识产权局专利、Incopat（合享）和 Patsnap（智慧芽）等专利检索平台进行检索，并对相关信息进行分析，如相似技术专利申请趋势及主要申请人、专利转让趋势及主要转让人、受让人类型及区域等。部分分析结果如图 6-5 所示。

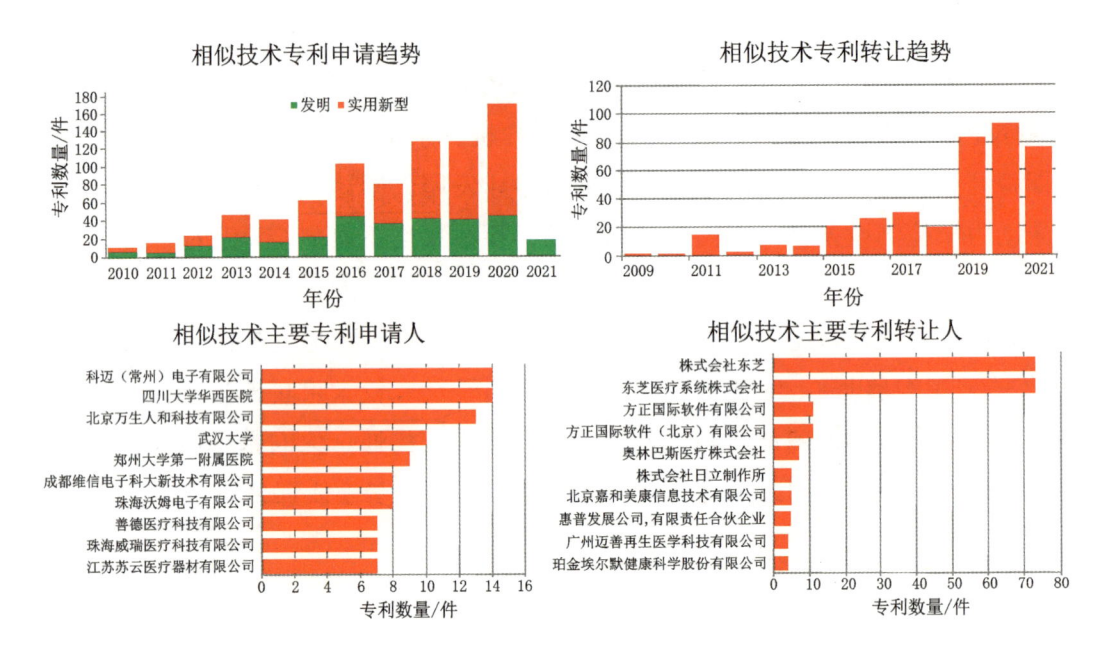

图 6-5 评估案例部分分析结果

4. 综合评估结论

根据前述指标模型，综合发明人自评、软件评估、专业人员分析结果等，得出的评估结果如表 6-1 所示。

表 6-1 评估案例综合评估结果

指标类型	分指标名称	分指标总分	分指标评分	指标类型总评分	综合得分
技术价值	技术新颖性	5	3	0.7	0.76
	技术先进性	5	4		
	技术替代性	5	3		
	技术成熟度	5	2		
	技术生命周期	5	3		
	技术应用范围	5	4		
	团队成员背景	5	4		
	技术防御力	5	5		
市场价值	完备程度	5	4	0.8	
	市场实施度	5	5		
	市场推广度	5	3		
	同类专利价值	5	3		
	领域实施热度	5	5		

经评估综合得分 $C=0.76$，建议申请专利。同时，考虑检索到了影响技术新颖性和创造性的对比文件，建议委托人申请实用新型专利。

5. 出具评估报告

根据评估结果，出具评估报告，内容包括委托项目及评估机构的相关情况、评估工具与方法、成果技术和市场价值分析内容、评估结论、附件（检索报告）等，具体如图 6-6 所示。

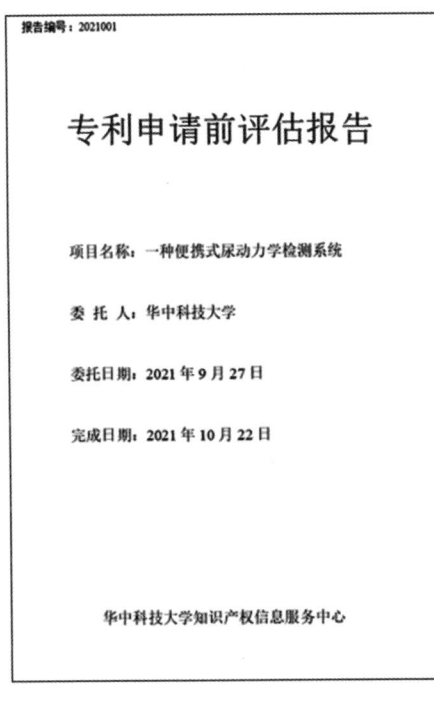

图 6-6 评估案例评估报告示例

6.6.3 申请文本评估

目前该项目处于代理机构撰写专利申请文本阶段，因此申请文本评估暂未进行。但根据委托项目提交的技术交底书，在专利申请文本撰写方面提出了相关建议。

本章参考文献

[1] 西安电子科技大学科学研究院.浅谈专利申请中的八大误区［EB/OL］.（2020-10-29）

[2021-09-19]. https://mp. weixin. qq. com/s? src = 11&timestamp = 1640596491&ver = 3522&signature=0kUIjJrx4ikFrL8BjuyXkctYMmrRTutVpcoEwfQg9EEMKYy4jmMvzPW4 * f9cbXZmJQKhqVo16LSoLvpNVQ-Tz8982mXBQ2saGVacqoT0u2eoNwji1m2jSg * yKTioAi3s & new=1.

[2] 罗林波,王华,邓云云,等.加强高校知识产权运营的思考与建议[J].中国高校科技,2019(11):29-32.

[3] 张鹏.采用适当的方式保护自己的科研成果:先专利后论文![EB/OL].(2017-03-22)[2021-09-19]. https://www.sohu.com/a/129753441_621982.

[4] 马志忠.高校知识产权纠纷的处理与防范[J].山东理工大学学报(社会科学版),2009,25(4):44-48.

7 高校专利申请前评估的推广

专利申请前评估需要有较大的投入，高校在目前科技成果转移转化还没有做好的情况下，很难积极投入开展这项工作。因此，高校专利申请前评估工作的开展与推广，不能只靠高校的自觉行动，更应该有国家政策上的支持。为了更好地推广高校专利申请前评估工作，应该将专利申请前评估纳入政府资助的项目所必须实施的立项条件或者考核工作中，成为政府考核评估高校科研工作的重要内容，建立完整的考评体系。同时，还要建立激励机制，考虑高校的实际情况，在人员补充、经费补贴上给予支持，构建专门的专利申请通道，更好地满足创新主体"快确权"的需求，这样才能充分调动科研团队参与评估的积极性。另外，高校开展专利申请前的评估工作，除了解决编制和经费的问题外，也需要一支合格的评估人才队伍，因此构建高校专利申请前评估服务培训体系必不可少。

7.1 确立机构评级制度

7.1.1 机构准入

评估机构的安全公信力和业务能力对于专利申请前评估结果至关重要，对高校专利申请前评估资质和评估活动的规范，是保障国家信息安全的需要，也是保障评估结果真实性和准确性的基础。在高校专利申请前评估机制的设计过程中，应当从顶层设计层面规范高校专利申请前评估机构的准入要求，以确保其能够规范、高质量地完成相关工作。

根据当前高校专利申请前评估工作的实际情况，部分校内职能机构并不具备开展相关工作的业务能力和人力资源储备，建议前期可以高校知识产权信息服务中心、国家知识产权分析评议服务示范机构、WIPO技术与创新支持中心（TISC）、依法登记注册的各类专利服务机构为主体，规范专利申请前评估方法与流程，开展试点工作，后期逐步推广。

在相关工作的初期推广阶段，开展专利申请前评估业务的机构，应至少满足以下基本要求：

（1）至少具备以下四项资质中的一项：高校知识产权信息服务中心、国家知识产权分析评议服务示范机构、WIPO技术与创新支持中心（TISC）、依法登记注册的知识产权服务机构。

（2）机构工作人员应根据岗位要求持证上岗，具备以下条件：主要负责人应具有知识产权行业5年以上工作经验；业务部门主管应具有硕士研究生及以上学历和相关专业背景；其他工作人员持有从事岗位所需资格证书（如专利代理人证书、专利管理工程师证书、技术经理人证书、律师执照等）或获得相关专业培训。

（3）涉及国家战略、国防工程、国家安全、重要信息数据的评估，必须由国家相关部门认定的机构或高校知识产权信息服务中心承担。

7.1.2 评级机构

由教育部或国家知识产权局指定相关部门组织评级事宜，通过建立专家工作组和组建专家库的形式开展评级工作。

评估专家工作组人数为单数，不少于5人，工作组成员从专家库名单中产生。专家库成员应满足如下条件：①在知识产权服务、技术转移转化及特定技术领域从业10年以上，具有丰富的相关工作经验；②掌握特定技术领域有关的技术标准、技术规范和技术规程，具有解决实际问题的能力；③学术造诣深，知识面广，在本行业中有较高的知名度，熟悉本行业的国内外最新标准工作现状和理论研究动态。

专家库成员应接受相应的培训，培训内容包括：①专利申请前评估机构申请等级评定的申请条件、基本要求和具体评定指标；②专利申请前评估机构申报材料审核内容。

专家工作组在评定组织的指导下开展专利申请前评估机构等级评定工作，其职责如下：①审核专利申请前评估机构等级评定材料；②对专利申请前评估机构进行现场评审；③参与其他评定组织指定的工作。

7.1.3 评级内容

为促进高校专利申请前评估工作的规范发展，教育部有关部门应制定高校专利申请前评估机构等级评定的实施细则，评级内容主要包括以下几个方面（详见表 7-1）。

表 7-1 高校专利申请前评估机构评级指标体系

一级指标	二级指标	评价要点
从业人员	从业人员的数量	机构中从事专利申请前评估工作的人员规模
	从业人员专业背景	考察机构是否同时具备知识产权、技术转移、检索分析以及特定领域的技术人才
	相关资格证书持有情况	相关资格证书的持有情况（如专利代理师、技术经理人、律师资格证等）、相关专业培训证书
	从业人员学历	
	从业人员学术水平	近一年来是否发表学术论文、创办机构内部刊物、出版论著等
	员工发展	机构如何支持员工业务能力发展，以适应服务客户需要（如参加业务培训等）
资源设施	设备设施	经营场地、办公环境、设备设施
	信息资源	是否拥有充足的知识产权信息资源、专业数据库以有效满足客户需求
	信息化水平	是否建立了业务运营的信息化平台和行政管理的信息系统，利用信息系统和网络开展业务情况
制度建设	服务流程体系	是否形成了规范的客户服务流程，并适应业务发展需要
	质量控制体系	是否构建了服务质量控制的组织、制度和机制，以保障服务质量
	客户反馈体系	是否建立了客户对服务质量的反馈机制，并能及时进行沟通处理
	管理体系认证	是否通过国家标准质量管理体系
	持续改进	是否建立了持续改进服务质量的机制和程序

续表 7-1

一级指标	二级指标	评价要点
业务评价	完成项目数量	
	完成项目质量	例如，通过申请前评估后申请专利的授权率、许可/转让情况
	高端服务项目开拓	例如，知识产权在全流程、各个环节的深度参与情况
	流程管理情况	有无流程管理规定、有无专人负责流程管理、有无案件档案管理规定、是否使用流程管理软件、有无自动化网络办公系统等
	行业及社会评价	机构获得的合作伙伴、第三方机构和同行的评价及获得的荣誉情况
客户服务	客户满意度	机构采取了哪些措施调查和了解客户满意度状况，机构过去3年内客户满意度的变化情况
	投诉处理情况	机构在过去3年内接到的客户投诉及处理情况
	长期客户占比	

(1) 从业人员

从业人员的考察内容主要包括机构从业人员的数量、从业人员专业结构（知识产权顾问、技术顾问、检索分析人员配置）、相关资格证书的持有情况（专利代理师、技术经理人、律师资格证等）、机构人员学历、人员学术水平及参与培训情况等。

(2) 资源设施

资源设施的考察内容主要包括经营场地、办公环境、设备设施以及和业务相关的数据库资源情况，是否建立了业务运营的信息化平台和行政管理的信息系统，利用信息系统和网络开展业务情况。

(3) 制度建设

制度建设的具体评定内容主要包括是否形成了规范的客户服务流程，并适应业务发展需要；是否构建了服务质量控制的组织、制度和机制，以保障服务质量；是否建立了客户对服务质量的反馈机制，并能及时进行沟通处理；是否建立了持续改进服务质量的机制和程序；是否通过国家标准质量管理体系。

(4) 业务评价

业务评价的具体评定内容包括：完成项目数量，完成项目质量，知识产权高端服务项目开拓情况，流程管理情况（如有无流程管理规定、有无专人负责流程管理、有无案件档案管理规定、是否使用流程管理软件、有无自动化网络办公系统等），机构获得的合作伙伴、第三方机构和同行的评价及获得的荣誉情况。

(5) 客户服务

客户服务的具体评定内容包括客户满意度、投诉处理情况、长期客户占比等指标。

7.1.4 评级程序

评级机构视情况每年或每两年组织一次机构评级认定工作。

(1) 凡符合条件开展专利申请前评估业务的机构，可自愿向评定组织提出申请，同时提交评审材料，由评定组织负责组织专家工作组进行等级评定。

(2) 申报机构应提交机构等级评定申请表、机构资质证明文件、财务报表资料、在职人员名录、发表学术文章、客户评价表、机构荣誉证书等支撑材料。

(3) 专家工作组负责审查相关资料，对所有申请等级评定的机构进行书面评审；根据工作需要，评定组织指派专家工作组对专利申请前评估机构进行现场评审；专家工作组评审后提出评审意见，提交评定组织；评定组织审核批准后，向社会公开公示评定结果。

(4) 机构在申报材料中弄虚作假的，一经评定组织发现，取消其当年等级评定结果，并取消下一年度等级评定资格。

7.2 构建专利申请专门通道

7.2.1 专利申请前评估与专利申请

高校专利申请前评估是发明人向评估服务部门提交评估委托、发明披露表等相关材料，评估服务机构从技术、市场、法律等多个维度进行客观评判，提出是否适合申请专利或如何更好地申请专利的建议和意见。专利申请前评估主要包括初评阶段、实质评估阶段、专利培育阶段、申请文本评估阶段。

专利申请是发明人、设计人或者其他有申请权的主体向国家知识产权局提出就某一发明或设计取得专利权的请求，是获得专利权的必须程序。依我国《专利法》的规定，申请专利时应向国家知识产权局提交申请书、说明书、权利要求、摘要、附图、优先权请求。专利申请主要包括以下几个步骤：①填写专利申请文件，可以自行填写，也可以委托专利代理机构代为办理；②专利申请的受理，国家知识产权局受理处或各专利局代办处收到专利申请后，对符合受理条件的申请，将确定申请日，给予申请号，发出受理通知书；③在规定的时间内缴纳申请费。依据《专利法》，发明专利申请的审批程序包括受理、初审、公布、实审以及授权五个阶段，而实用新型初审通过后即授予专利权。

从人员及服务内容看，专利申请前评估与专利申请有着密切的联系。

（1）人员要求方面

高校专利申请前评估参与人员以高校知识产权管理人员与信息服务人员为主，管理人员了解高校知识产权的运作，对专利相关知识有一定的了解；服务人员则是以高校知识产权信息服务中心人员为主，他们长期从事文献检索及分析工作，对专利检索分析积累了丰富的经验；有的服务机构中也有专利代理师，他们熟悉专利文案撰写及申请流程。较之高校服务人员，专利审查员学科背景突出，更加熟悉《专利法》及《专利审查指南》，通过长期工作的积累，对专利"三性"的判断更加有经验。而高校服务人员的优势在于，有丰富的文献资源，能便利地与发明人沟通，以便全面理解技术主题。

专利申请前评估参与人员与审查员都需要具备检索及分析能力，且各具优势。如果能较好地融合双方的优势，将能更好地保护高校技术创新。

（2）流程及内容方面

专利申请前评估主要为了保障专利质量，而专利申请是依据专利质量判定是否授权，图7-1和图7-2分别列出了专利申请前评估及专利申请的流程及主要内容。

从图7-1、图7-2中可以看出，是否属于不授予专利权范围、申请文件是否齐备，在专利申请前评估及专利申请中都有涉及，评判标准都是《专利法》，

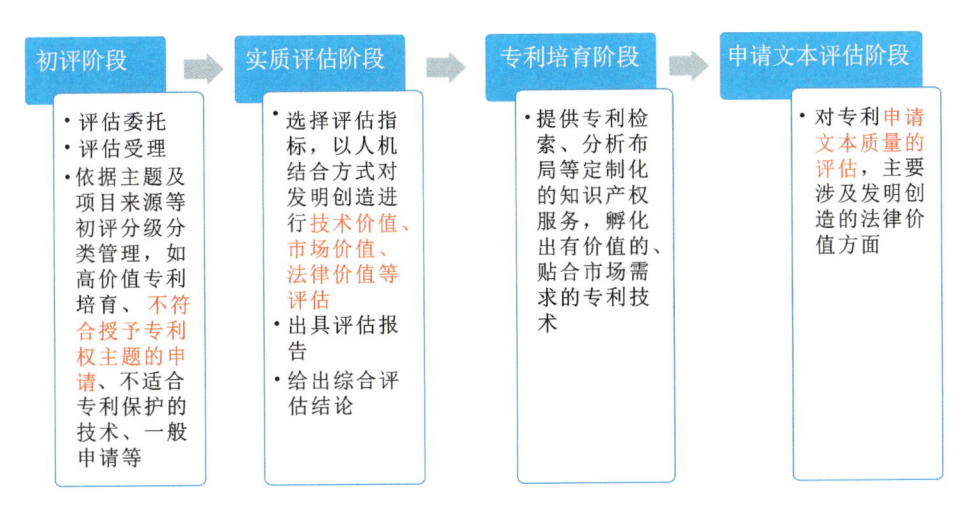

图 7-1 专利申请前评估的流程及主要内容

初评阶段
- 评估委托
- 评估受理
- 依据主题及项目来源等初评分级分类管理，如高价值专利培育、不符合授予专利权主题的申请、不适合专利保护的技术、一般申请等

实质评估阶段
- 选择评估指标，以人机结合方式对发明创造进行技术价值、市场价值、法律价值等评估
- 出具评估报告
- 给出综合评估结论

专利培育阶段
- 提供专利检索、分析布局等定制化的知识产权服务，孵化出有价值的、贴合市场需求的专利技术

申请文本评估阶段
- 对专利申请文本质量的评估，主要涉及发明创造的法律价值方面

图 7-2 专利申请的流程及主要内容

受理阶段
- 审核符合条件的，确定申请人，给予申请号
- 核实文件清单，发出受理通知书

初审阶段
- 是否属于不授予专利权的范围
- 是否明显缺乏技术内容，不能构成技术方案
- 是否缺乏单一性
- 申请文件是否齐备及格式是否符合要求

公布阶段
- 发出初审格式通知书后进入公布阶段，自申请日起满18个月即予公布
- 要求提前公开的，可根据申请早日公布，申请人获得临时保护的权利

实质审查阶段
- 阅读申请文件并理解发明
- 检索确定是否具有新颖性和创造性
- 核实优先权
- 全面审查，给出判断
- 下发审查意见通知书

授权阶段
- 经实质审查未发现驳回理由的，由审查员作出授权通知

评判结论应该具有一致性。同时，专利申请前评估对发明创造进行技术、市场、法律等方面的评估并出具评估报告，这能为审查员理解技术主题提供参考。

7.2.2 构建专门申请通道

对于发明专利而言，除一些需要保密的发明专利外，一般需要经过受理、初审、公布、实质审查和授权公告这些阶段，自受理起满18个月会进行公布，然后进入实质审查阶段，3年左右才能获得授权，且不排除更长的时间。针对中国发明专利申请，国家知识产权局推出优先审查、快速预审等途径加快专利审查，以更好地满足创新主体"快确权"的需求。

1. 优先审查

2017年国家知识产权局审议通过了《专利优先审查管理办法》，从2017年8月1日起，专利局依据该管理办法对符合规定的发明、实用新型、外观设计专利申请提供快速审查通道。

对于实质审查阶段的发明专利申请而言，有下列情形之一的，可以请求优先审查：①涉及节能环保、新一代信息技术、生物、高端装备制造、新能源、新材料、新能源汽车、智能制造等国家重点发展产业；②涉及各省级和设区的市级人民政府重点鼓励的产业；③涉及互联网、大数据、云计算等领域且技术或者产品更新速度快；④专利申请人或者复审请求人已经做好实施准备或者已经开始实施，或者有证据证明他人正在实施其发明创造；⑤就相同主题首次在中国提出专利申请，又向其他国家或者地区提出申请的该中国首次申请；⑥其他对国家利益或者公共利益具有重大意义需要优先审查。

申请人就发明专利提出专利申请优先审查请求的，应当提交优先审查请求书、现有技术或者现有设计信息材料和相关证明文件；国家知识产权局同意进行优先审查的，应当自同意之日起，在45日内发出第一次审查意见通知书，并在一年内结案。

2. 快速预审

地方知识产权保护中心围绕新一代信息技术和高端装备制造产业开展专利快速预审工作。辖区内相应产业的企事业单位可自愿进行备案，其专利申请经地方知识产权保护中心预审合格后，提交至专利局即可进入快速审查通道，可以缩短专利申请的审查周期。以北京知识产权保护中心为例，专利申请预审服务包括初步审查和预审审查两个阶段，具体流程如图7-3所示。[1]

---

[1] 中国(北京)知识产权保护中心. 北京市知识产权保护中心专利预审业务介绍[EB/OL]. [2021-09-28]. http://www.bjippc.cn/ueditor/jsp/upload/file/20210714/1626249669023000928.pdf.

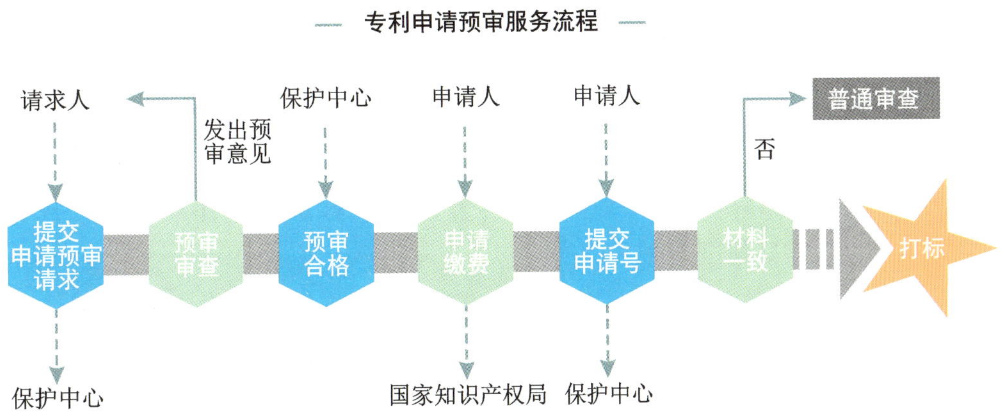

专利申请预审服务流程

图 7-3 北京知识产权保护中心专利申请预审服务流程

初步审查主要是对技术领域、相关文件、申请行为进行审查。满足专利申请预审条件的，予以受理，并发出"专利预审请求受理通知书"；不满足的，不予受理，并发出"专利预审请求不予受理通知书"。

预审审查主要是对拟提交的专利申请文件的形式及明显的实质性缺陷、其他文献形式的审查，及对专利的新颖性、创造性、实用性、单一性等的审查。预审合格的，做出预审合格决定，发出预审合格通知书；对于存在缺陷，可以修改克服的，提出预审审查意见，发出预审意见通知书；明显不具备授权前景的，做出预审不合格决定。对于预审合格的申请，在预审合格之日起10个工作日内可以正式向国家知识产权局提交专利申请，并于申请日起1个工作日内在中国专利电子申请网完成缴费。申请人足额缴费后，将申请相关信息提交至保护中心，保护中心审核合格后会对申请案件进行打标，进入国家知识产权局快速审查通道。

目前可以申请预审的技术领域包括新一代信息技术产业14个IPC分类号和1个洛迦诺分类号、高端装备制造产业30个IPC分类号和1个洛迦诺分类号。

3. 请求早日公布其申请

专利局收到发明专利申请后，经初步审查认为符合《专利法》要求的，自申请日起满18个月即行公布。申请人也可以请求早日公布其申请，请求早日公布申请后，专利申请将会存入待审查库。

《专利审查工作"十三五"规划》提出了"坚持开放共享"的原则，以更加开放的姿态凝聚公众智慧，多途径、多角度使社会公众充分参与审查。高校专利申请前评估凝聚了高校专业的知识产权服务人员的智慧，有助于审查工作的开展。提高专利审查效率是国家知识产权局审查工作的重要发展目标之一，《专利审查工作"十三五"规划》明确提出要"优化专利审查流程与方式"。从高校专利申请前评估工作的性质看，可以视专利申请前评估为评估服务机构审查流程某些环节的前置，一定程度上可以分担审查的部分工作，有助于优化专利审查流程，提高专利审查效率。

此外，《专利审查指南》中提出，申请人能提前提交相关参考资料，便于审查员理解关键技术，以加快审查速度。专利申请前评估对关键技术进行检索，提供的文献资料更加全面客观，有助于审查员对保护主体的理解，一定程度上加快了审查进程。

因此，将高校专利申请前评估与申请流程关联起来，对顺利通过专利申请前评估的专利申请构建专门的申请通道（类似已有的优先审查、快速预审等），可以优化专利申请流程，在提高专利审查效率的同时，也能让申请人尽早获得专利权并从中受益，进而提高发明人参与专利申请前评估的积极性与主动性。

7.3 建立高校专利申请前评估培训体系

实现高价值的专利申请前评估服务，开展服务所需的信息资源、评估指标和工具以及人才支撑是必不可少的因素。其中，优质的信息资源是开展专利申请前评估的前提和根本保障，可靠的评估指标和工具是开展专利申请前评估的基础和质量保证，而专业的人才支撑是开展专利申请前评估的必备条件和关键。本着务实高效的原则，高校专利申请前评估服务培训体系的构建思路可分三步进行：基础知识传授—基本技能实训—真实案例复盘，这种分步的方式也反映了此培训体系分对象、分层次培养的思路。

7.3.1 高校专利申请前评估的培训需求

1. 科研人员培训需求

科研人员对技术成果的披露是后续评估的基础，直接影响评估工作的开展。随着科研人员知识产权意识的逐渐增强，他们越来越需要关于专利申请、保护、运用及高价值专利培育等方面的知识。结合科研项目从立项、研究到转移转化的全过程，科研团队对专利相关培训的需求主要体现在以下几方面：

（1）专利信息检索。包括专利法律和政策、专利查新、国内外技术动态、行业和市场技术需求、专利新颖性检索及判断等内容。在众多国外高校中，科研团队自行完成专利申请前的初步新颖性检索，并将检索结果在发明披露环节提供给技术转移机构的专业人员，以便后者能够更有效地评估成果的先进性，因此应将专利信息利用作为科研团队应掌握的技能开展培训。此课程可重点包括专利检索、分析等信息利用相关课程。

（2）专利知识及申请流程。包括专利基础知识、技术交底书、专利申请流程和时限要求，以及专利代理师必备的专业知识等内容。科研人员对不同国家、不同类型专利的掌握和对申请流程事务的理解，有助于他们对申请专利作出初步判断，更有效地配合专业人员完成专利申请。此课程可参考国家知识产权局对审查员和代理师的基础培训课程。

（3）专利实施及转移转化。包括专利自由实施分析（Free to Operate，FTO）调查，专利侵权诉讼判定，专利管理及风险预警，专利相关产品孵化、论证、验证，专利价值评估，技术交易策划与谈判，商业计划书，基础财会知识等内容，科研人员对专利申请或授权后的实施风险、价值进行评估，并对商业化路径进行梳理，有利于提高未来专利运营的成功率。此课程应包括专利侵权检索、专利FTO检索、资产评估、商务谈判、商业计划书撰写、财会知识等。

2. 评估服务人员培训需求

高校专利申请前评估工作的评估人员，无论是图书馆知识产权信息服务中心的专业人员，还是第三方知识产权服务机构的专业人员，出于工作需要，他们均应掌握有关专利制度、专利相关法律知识、专利数据库检索、深层次的专利分析实务经验等相关技能。从目前我国的实际情况看，具备上述条件的专业人员凤毛麟角，很难形成服务团队。此外，高校间存在着显著的发展不平衡，短时间内也难以形成规模效应。可以参考现有的专利代理师和技术经理人的成熟的培训课程,结合高校特点和专利申请前评估目的,筛选出相应课程。同时应邀请投资、法律、金融等领域的专家或吸纳这些领域已有课程,制定符合专利申请前评估工作的课程。

3. 高校知识产权管理机构人员培训需求

高校高层管理人员及知识产权管理机构人员对本校的战略定位及发展规划,决定了创新与技术成果商业化的地位和紧迫程度,他们的理解认知关系着专利申请前评估服务的发展前景与方向。作为高校知识产权管理工作的新内容,专利申请前评估工作需要在服务架构与管理制度建设、服务人员人才培养计划与激励方式等一系列顶端建设方面做大量的研究和探索,这必然需要高校高层管理人员认识到知识产权对高校自身的重要意义,了解开展专利申请前评估工作的必然趋势,理解专利申请前评估工作的困难,并且全力支持评估工作的开展。实际工作中,在人、财、物方面予以保障,如投入专人、专门的建设及培训经费,建立专业的专利申请前评估服务团队,制定相关考核激励制度,保障专利申请前评估服务的正常开展和专业人才的晋升。因此,有必要对高校高层管理人员及知识产权管理部门高层人员进行相关培训,增强领导干部对知识产权工作的紧迫感和责任感,提升领导干部的知识产权认知水平和决策能力,通过确定合理有效的培训形式实现培训目的。

7.3.2 高校专利申请前评估培训课程设置

在课程设置方面,可分成基础知识、实务技能以及能力拓展三个模块。培训课程可广泛组织科技、知识产权、法律、金融等多领域的专家和人才共同设置,并且可以适当借鉴或利用现有相关课程。具体的课程设置参见表7-2。

表7-2 高校专利申请前评估服务培训课程设置大纲

知识模块	课程名称
基础知识	专利申请前评估的意义、方式与流程
	专利相关法律和基础知识
	科技相关法律法规
	成果转化相关制度和政策
	商业秘密保护政策

续表 7-2

知识模块		课程名称
实务技能	专利撰写	文献检索
		专利查新与专利新颖性判断
		技术交底书、专利申请书撰写
		专利申请流程事务
		专利挖掘
		专利规划、布局与高价值专利培育
		专利撰写质量的评判
	专利信息分析	专利分析、数据处理与可视化
		专利预警及分析
		专利导航指南解读及实务
		专利数据库运用
	法律	专利FTO调查
		专利侵权判定
	技术经纪	专利相关产品孵化、中试
		技术评估和成果评价
		商业计划书
	专利培育与运营	高价值专利培育案例
		专利成果转化案例
		国内高校创新与知识产权管理经验
能力拓展	知识产权金融	合同相关知识
		财务、税务相关知识
		金融相关知识
		知识产权资本化
		商务谈判与需求甄别

7.3.3 高校专利申请前评估培训模式

高校专利申请前评估，首先应面向科研人员、信息服务人员等开展专利申请前评估意义的培训，可采用宣讲形式，线下分地区进行，结合线上视频会议。力争在一年时间内使全国超过70%的高校相关人员对高校专利申请前评估工作有初步了解，下一步再分别向各类人员开展培训。

（1）对于面向科研人员的基础知识和基本技能培训，鉴于高校科研人员群体庞大，并且兼具教学与研发任务，可采用录制视频的方式开展线上培训。真实项目案例可通过录制视频以及每年不定期召开专题会议的形式开展。

（2）对于面向专利申请前评估服务人员的培训，宜采用长期线下课程的形式，包括课程培训、会议交流、参观实践和学习考核等环节。专利文献检索、专利分析、专利代理师技能、技术经理人技能等课程应分级别（例如初级、中级、高级）细化，受训人员可根据自身情况选择参与。时机成熟时，可将课程学习考核作为技能资格考核，并由国家知识产权局等相关机构颁发证书或证明。

（3）对于面向高校高层管理人员的培训，可以通过书面材料的形式开展，例如由国家知识产权局等行政部门组织编写《中国高校知识产权校长报告》，汇总介绍全球相关政策、数据、实例与经验，每年向高校定向发布一次。此外，在条件允许的情况下，也可以由国家知识产权局联合教育部、科技部等相关部门，每年或隔年举办中国高校校长科技创新与商业化论坛或闭门会议，推动高校对于知识产权理念的革新、知识产权促进科技创新制度的建设以及未来成果商业化的规划。

线下培训可以在国家和地方知识产权培训基地、高校知识产权信息服务中心、国家和地方知识产权信息服务网点、国家技术转移人才培养基地以及其他具有相关软硬件设施的单位开展。

7.4 加强高校专利申请前评估的推广实施

高校专利申请前评估制度的建设刚刚起步，还没有形成良好的评估生态环境，必须从推动新时代高校科技创新高质量发展的要求出发，坚持质量优先、突出转化导向，科学规划、制度引领，从全局的视角完善高校知识产权管理体系，自上而下推进专利申请前评估制度。应该基于顶层设计、系统论和生态位理论思想，综合现有已开展专利申请前评估工作的高校实际情况，精准定位关键矛盾，积极谋划高校专利申请前评估制度的推广策略。

7.4.1 统一认识，优化制度管理

开展专利申请前评估是严把质量关、去除专利泡沫、提升专利质量的关键环节，也是实施专利转化应用的前提。为了深入实施创新驱动发展战略和知识产权强国战略，国家已将专利转化等科技成果转移转化绩效作为一流大学和一流学科建设动态监测和成效评价以及学科评估的重要指标，不单纯考核专利数量，更加突出转化应用。因此，高校管理层面应认清当前高校知识产权工作面临的新形势，统一认识、凝聚共识，深刻认识做好专利申请前评估工作的重要性，积极推动把专利申请前评估工作纳入重要议事日程。

在统一认识的基础上，积极贯彻《若干意见》等文件精神，优化高校知识产权管理办法，建立专利申请前评估制度，形成适应自身高质量发展需求的制度体系和管理模式。成立知识产权管理与运营领导小组或科技成果转移转化领导小组，统筹管理科研、知识产权、国资、人事、成果转移转化和图书馆等有关机构，打通高校知识产权的创造、运用、保护和管理全链条，形成科技创新和知识产权管理、科技成果转移转化相融合的管理机制。已成立科技成果转移转化领导小组的高校，要将知识产权管理纳入领导小组职责范围。国家知识产权试点示范高校须积极推动专利申请前评估制度的建立和实施，加强知识产权政策先行先试，探索"质量第一、效益优先、管理支撑、服务专业"的发展路径，在提升高校知识产权管理能力、切实提高高校的创新质量和效益等方面发挥试点探索、示范带动作用。

7.4.2 凝聚力量，分步分类推进

专业的专利申请前评估团队是做好评估工作的核心。有条件的高校，应调动高校拥有的优势资源，如高校知识产权信息服务机构，形成一支对发明创造的可专利性、市场前景与价值等具有全面评估能力的专业化团队，同时加快评估队伍的能力建设。对于条件欠缺的高校，依法依规遴选合适的市场化服务机构负责专利申请前的评估工作，加强评估工作的安全管理并与服务机构签署保密协议，此外还须做好对服务机构工作质量的评价，对于不能提供高质量服务的机构应及时淘汰。

同时，高校是国家科技创新的重要力量，专利产出量大，专利申请前评估需要耗费大量的人力、资金等资源，在我国高校专利申请前评估制度建设刚刚起步的阶段，不宜对高校拟申请的所有专利进行申请前评估，需要根据高校自身高质量发展的需要，建立差异化、分步分类推进的评估策略。如对科技创新重大项目、重点研发计划等国家重大科研项目或者重大产学研合作项目产出的成果进行高价值专利培育，对履行专利合作条约（Patent Cooperation Treaty，PCT）的国际专利申请等成本较高、影响较大的申请进行重点评估，对短期内提交多个专利申请等存在明显潜在质量风险的委托进行简易评估即可。或者，高校可以先以某学院、某学科领域为试点，经过一段时间的探索和运行，待高校专利申请前评估走向常态化和成熟化之后，在充分平衡评估效益的基础上，进一步完善对不同学科不同类别专利申请的评估策略。

7.4.3 多方联动，加强宣传推广

高校知识产权管理机构相关业务部门的设置和职能分工不尽相同，知识产权业务管理部门、知识产权运营部门、知识产权支撑服务部门、二级院系等部门在知识产权业务链中担任不同的角色，均应肩负一定的专利申请前评估制度的宣传推广职能。通过校内各部门的联动合作，在高校内部构建全方位、多角度、渗透式宣传模式，实现较好的宣传效果。

为了从源头提升专利质量，必须在高校树立专利质量优先的理念，自觉接受、认可和落实专利申请前评估制度。一要加大对政策的宣教和解读。将《若干意见》等一系列最新政策文件贯彻落实到高校知识产权管理全流程，摒弃高校科研人员仅仅为科研绩效考核、职称申报等目的去申请专利的思想，避免"重数量轻质量""重申请轻实施"的现象再次出现，在高校营造专利申请前积极开展评估的新局面。二是抓住重要节点，开展有针对性的宣传。借助热点事件、重要时间节点的东风，如在"知识产权宣传周"、"国际知识产权日"或国家政策出台之际，适时开展有针对性的专利申请前评估宣传推广活动。三要整合宣传渠道，构建全媒体宣传网络。全媒体时代，信息传播的新工具、新平台层出不穷，高校在进行专利申请前评估宣传推广时，应整合包括传统渠道在内的多种资源，综合利用展板、海报、宣传册等线下宣传方式冲击力、体验感强的特点，结合时下流行的社交网络等新媒体传播迅速广泛、互动性强的优势，

展开全方位的宣传推广，以获得全新的效果，全面提升高校科研人员对专利申请前评估的认可度。

7.4.4　设立资金，保障评估质量

为严格落实高质量发展要求，进一步规范专利申请行为，提高专利申请质量，国家坚决遏制不以保护创新为目的的非正常专利申请行为，现已全面取消对专利申请的资助，重点加大对后续专利转化运用、行政保护和公共服务的支持。开展专利申请前评估需要专业人员付出大量的智力劳动，为了保障专利申请前评估工作的高质量推进，必须设立可用于评估工作顺利开展的专用资金。当前，已有兰州大学、北京交通大学、东北师范大学、山东科技大学等部分高校率先多渠道筹措专用资金来支持专利申请前评估。其中，兰州大学主要通过财政拨款、地方奖励、科技成果转化收益等途径筹资设立了知识产权管理与运营基金，用于专利申请前评估及其他知识产权管理活动，如特殊情况下的知识产权费用支出，委托第三方专业机构开展专利导航、专利布局、高价值专利培育、专利运营等知识产权管理运营工作，科技成果转化项目培育，知识产权培训和服务，技术转移专业机构建设，人才队伍建设，政策制度宣传普及，纠纷调处和法律诉讼，以及在科技成果转化中奖励有突出贡献的二级单位等活动。

各高校应根据各自的特点与需求，出台本校专利申请前评估资金保障方案，以充分调动科研人员和评估机构参与评估工作的积极性，保障评估质量，真正体现专利申请前评估的意义。

7.4.5　允许申诉，维护评估公正

高校专利申请前评估，其根本出发点是提高高校的专利成果质量和转化应用水平，帮助科研人员进行专利的高质量申请和保护，并非限制科研人员进行专利申请。在开展专利申请前评估的过程中，由于尚未形成成熟的评估模式，难免存在评估结果难以被科研人员接受的情况，此时应有让科研人员进行便捷申诉的渠道，评估服务机构要及时与科研人员进行沟通，必要时可组织专家参与复评工作，以维护专利申请前评估工作的公正性，让专利申请前评估制度深入人心，真正为科研人员所接受，避免让科研人员产生抵触情绪。

本章参考文献

[1] 黎子辉.高校专利申请前评估工作体系的构建[J].中国高校科技,2021(Z1):107-111.

[2] 田海燕.高校专利申请前评估:中美差异及启示[J].创新科技 2021,21(3):49-56.

[3] 朱士保.知识产权中介组织绩效评价指标体系研究[D].上海:同济大学,2008.

[4] 北京市专利代理师协会.专利代理机构等级评定规范实施细则[EB/OL].[2021-09-18].http://www.bjpaa.org/upload/file/202010/1603784840166360.pdf.

[5] 浙江省专利代理人协会.专利代理信用评价规范[EB/OL].[2021-08-30].http://zjpaa.cn/interIndex.do?method=draftinfo&draftId=2c9f82a5-78afb9ea-0179-0d38ad85-0010.

[6] 雷朝滋.加快推动高校专利工作高质量发展[J].中国高等教育,2021(Z1):23-24.

[7] 顾志恒,董珏,姚禹.新时期高校专利质量提升机制与路径研究[J].中国高校科技,2020(9):75-78.

[8] 商琦,陈洪梅.专利转化实施与质效提升——基于江苏"双一流"建设高校数据的分析[J].科技管理研究,2021,41(8):72-79.

[9] 刘佩佩,陆丁天,苏伟,等.专利竞争力评估系统设计与高价值专利识别[J].科技管理研究,2021,41(7):110-115.

[10] 杨登才,李国正.高校专利质量评价体系重构与测度——基于23所高校的实证分析[J].北京工业大学学报(社会科学版),2021,21(2):109-121.

[11] 王社国.新形势下高校知识产权管理创新与实践研究——以江苏省C高校为例[J].改革与开放,2020(22):13-20+26.

附 录

附录一：专利申请前评估报告模板

报告编号：

专利申请前评估报告

项目名称：

委 托 人：

委托日期：

完成日期：

××××知识产权信息服务中心

报告说明

本报告基于国家知识产权局专利检索系统及××专利检索平台相关数据，从市场和技术维度对委托项目涉及的相关专利进行实时分析和综合评价。

本报告中所陈述的内容均以客观文献为依据，评估结论仅供委托人决策参考，对因依赖本报告的信息而导致的任何损失本机构不承担任何责任。

本报告没有考虑将来可能发生的专利权法律状态变化、专利运营等事件对分析结论的影响，对分析基准日后信息发生的变化不负责任。

本报告仅供委托人使用，除此之外，任何其他机构或个人不能成为报告使用人。

一、基本信息

1. 委托单位与评估机构基本信息

委托单位	名　　称			
	通信地址			
	负 责 人		电话：	E-mail：
	联 系 人		电话：	E-mail：
评估机构	名　　称			
	通信地址			
	负 责 人		电话：	E-mail：
	联 系 人		电话：	E-mail：

2. 成果披露

申请人	
发明团队	
涉及项目	
完成属性	
应用领域	
创新点	
效果/经济效益	
实施状态	
相关成果发布	
技术方案	
相关图表	
拟保护方式	
参考文献	

二、评估工具与方法

本报告基于国家知识产权局专利检索系统及××专利检索平台相关数据，采用软件评估和专业人员评估相结合的方式，必要的时候咨询相关专家，综合多方分析结果得出评估结论。

三、成果技术价值评估

根据检索结果，综合软件和人工两种方式，从技术创新性、技术先进性、技术替代性、技术成熟度、技术依赖性、技术关联度、技术应用范围、技术生命周期、共同申请人、团队专业背景及人员结构、团队其他专利、技术防御力等方面，对发明创造进行技术价值评估。

四、成果市场价值评估

根据检索结果，综合软件和人工两种方式，从技术完备程度、市场实施度、市场推广度、同类专利价值、领域实施数量、领域实施热度、市场需求度、市场占有率、领域诉讼热度、政策支持度等方面，对发明创造进行市场价值评估。

五、评估结论

综合分析，分别给出技术价值、市场价值及综合评分，并给出对应建议：
（1）对技术成熟、有较大市场价值、无明显法律瑕疵者，建议申请；
（2）缺乏创新性，有重大法律瑕疵或无实用价值的，不建议申请（涉及国家安全、技术保护困难则建议作为技术秘密）；
（3）有潜在技术、市场价值，但是技术不成熟、市场发育不完善的，建议暂缓申请；
（4）可以进一步挖掘布局进行高价值专利培育的，进入高价值专利培育程序。

六、附件清单

附件包括密切相关专利信息、专家意见等文件。

附录二：其他通用检索分析工具实际案例操作演示

（一）基于数据集成通用性的新颖性评估工具

通常而言，专利申请前评估需要针对某个技术主题进行信息检索，在对国内外学术资源数据库和专利数据库做充分检索和分析的基础上，通过评估人员判断发明是否具有新颖性和创造性。专利信息检索一般分为技术调研、检索策略确定及调整、操作检索及数据清洗、数据分析几个方面的内容。

以壹专利为例，其覆盖了105个国家超过1.4亿条专利数据，可检索到发明专利、实用新型专利、外观设计专利、植物发明专利、国防解密专利，并且提供了多种检索方式和多维度分析图表（附图-1、附图-2、附图-3）。

利用壹专利输入"场效应晶体管"技术领域的关键技术特征及技术关键词，得到相关专利文献122篇，通过检索到的高相关专利公开的技术情况，及时调整技术方案的个别技术特征，并合理安排专利申请策略，不但能够提升专利申请质量、提高专利授权概率，还能对技术方案做到全面的保护。

附图-1 壹专利检索结果列表

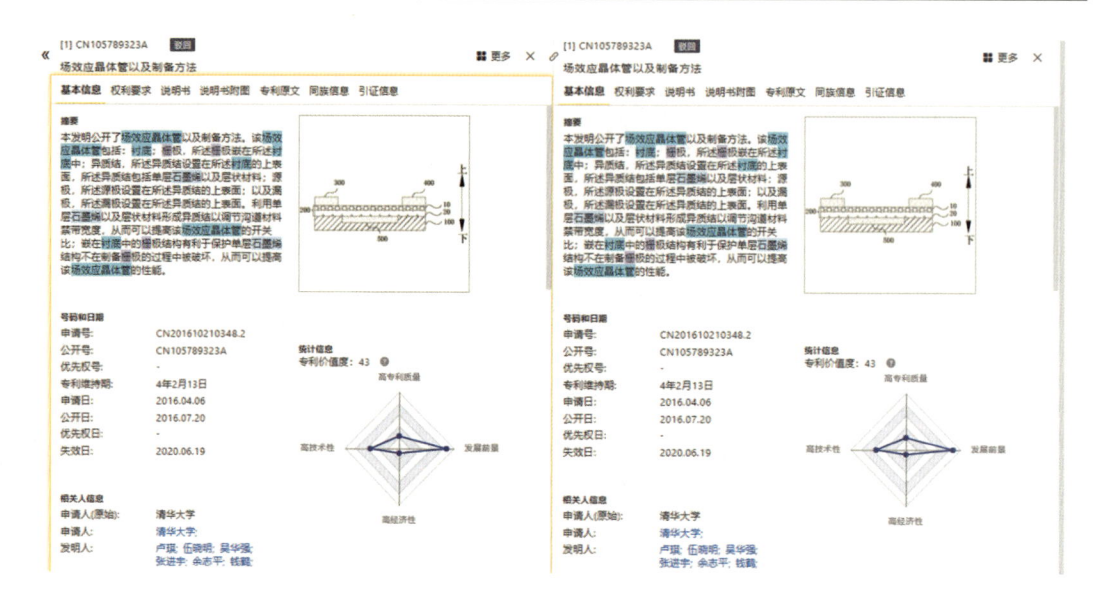

附图-2 壹专利专利对比分析页面

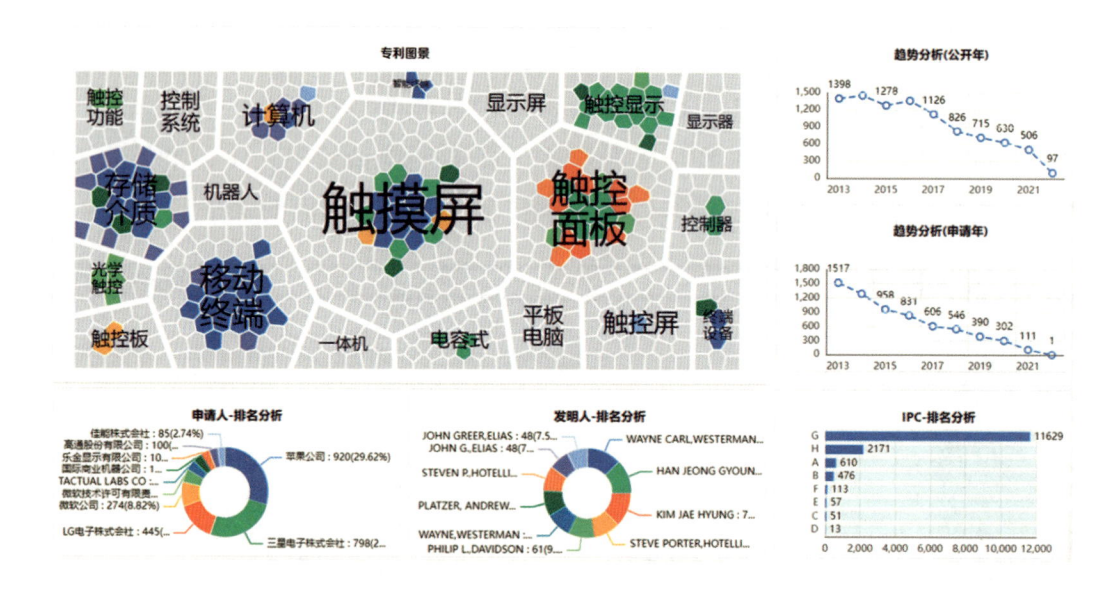

附图-3 壹专利多维度分析图表

（二）基于数据集成，针对特定学科、领域的新颖性评估工具

在申请专利时，为了对技术发明进行多方面的有效保护，可针对某一技术领域建立专利集合。这样做一方面缩小了查找对比文件的范围，有助于高校专利评估人员准确掌握该技术领域的发展情况；另一方面无须再次编辑检索式，提高了对创新成果进行新颖性和创造性剖析的效率。对于高校来说，针对"双

一流"学科领域建立专题数据库,为专利数据做精细化标引加工,有利于对学科领域专利技术进行深层次分析,并从合理的权利保护角度确定拟申请专利的技术创新点和技术方案,为相关科研项目创新研究提供数据支撑。

以 ISPatent 为例,其专题数据库能实现线上数据的实时更新,支持建立线下本地数据库,保障高校涉密科研项目的保密性。

附图-4 展示了其建成的"生物医药"专题数据库,对细分领域进行分类和数据集成。如果拟申请专利属于"生物医药"领域下的抗体相关技术,可直接从抗体技术分支的专利数据中检索相关专利,并进行专利申请趋势、布局等多维度的分析(附图-5)。

附图-4 ISPatent"新型功能材料"专题数据库

(三)结构化学及相关学科领域技术新颖性评估工具

结构化学及相关学科领域技术是否具备新颖性往往体现在化学结构式的差异上,而化学结构式往往不具备约定俗成的名称,通过嵌入化学结构式在线编辑器,允许用户绘制化学结构或导入化学结构图片进行检索,有效补充了直接运用关键词和分类号作为检索要素的检索方式。

以 PatBase 为例,其提供相似性、同一性、子结构三种检索类型的选择,基于检索结果,可以更好地判断用户拟申请专利技术是否具有新颖性,同时可以快速了解原研药创新主体的专利布局策略,有助于对拟申请专利技术更好地进行专利布局。

附图-5 ISPatent 多维度分析页面

在化学结构式在线编辑器中绘制与肺癌分子靶向药"厄洛替尼"相似的化学结构 A（附图-6），选择相似性检索，检索结果按照相似性由高到低排序，其中第 2 条检索结果准确命中"厄洛替尼"，与绘制的化学结构 A 相似度为 97.18%（附图-7），有助于对高校结构化学及相关学科领域专利进行申请前技

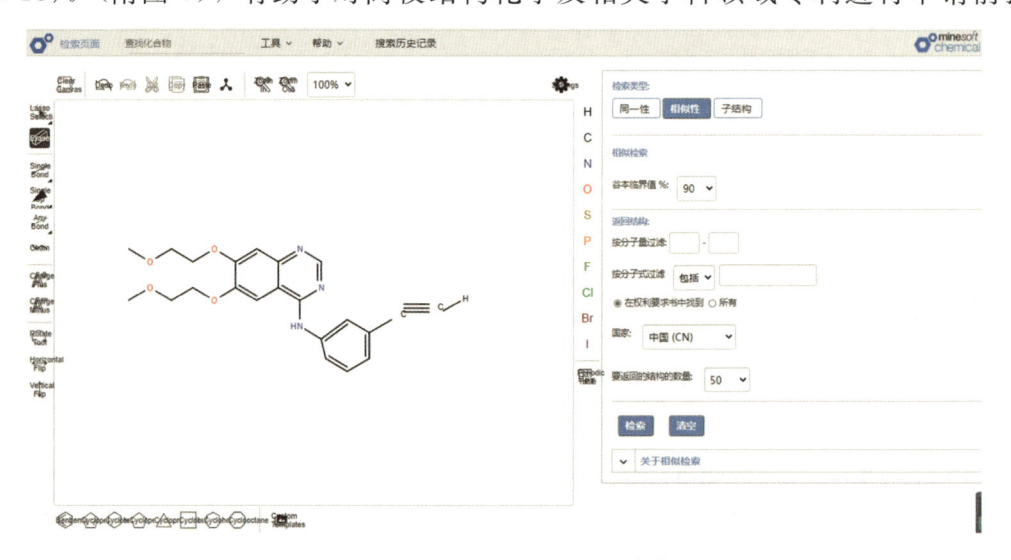

附图-6 PateBase 化学结构式检索首页

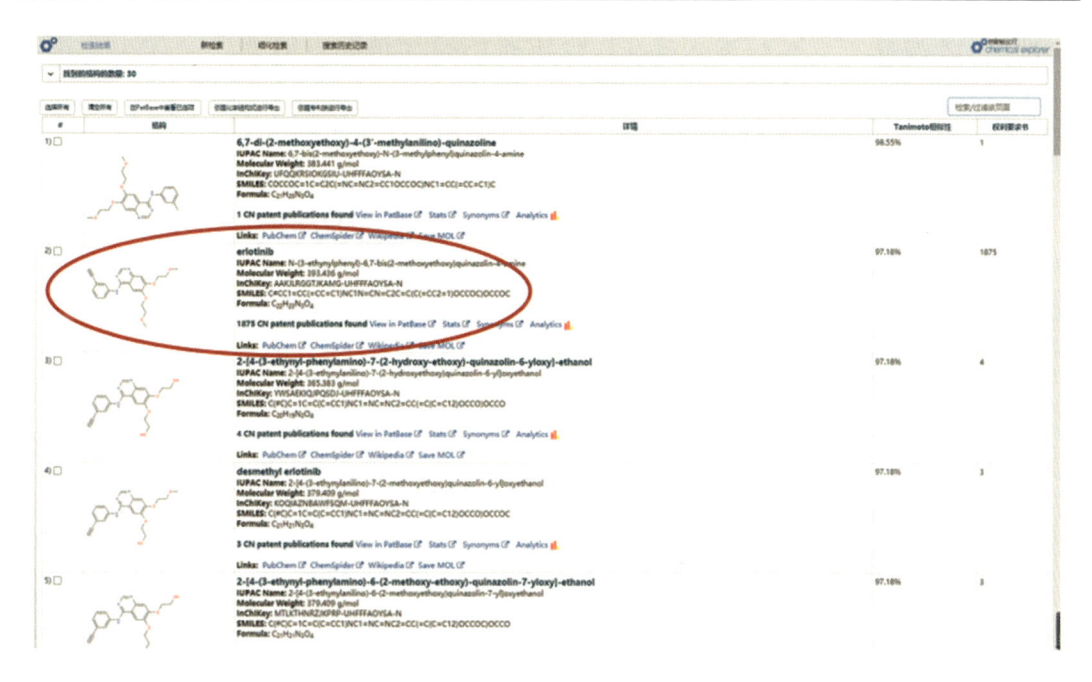

附图-7 PateBase 化学结构式检索结果展示

术新颖性评估。一方面通过直观的结构差异让高校专利申请前评估人员更好地理解拟申请专利是否具有新颖性，另一方面可以帮助科研人员/创新主体寻找技术创新点，突破现有专利保护范围，合理规划专利布局。

（四）基于小语种检索的新颖性评估工具

海外专利申请情况是衡量高校国际专利申请实力和水平的重要指标，相关领域海外专利申请技术趋势及布局等情况反映了相应技术领域的国际竞争力。以技术布局为主要目的的评估，在考虑法律价值指标的前提下应重点考虑技术价值指标，海外专利申请文本数量庞大，技术内容描述详尽，不同语言对相同技术的表达各异。基于小语种检索的新颖性评估工具，通过嵌入非拉丁语源语言检索，允许使用非拉丁语作为源语言直接检索专利，一定程度避免了因翻译不准确或者不规范造成的技术表达偏差，同时，支持非拉丁语在线翻译成拉丁语，辅助人工翻译，有效帮助用户了解海外专利申请及布局现状，更明确地进行海外专利布局，提升创新效率。

以 PatBase 为例，用日语输入汽车监控系统的技术方案内容（附图-8），可以检索到在全球布局的相关专利文献。非拉丁语检索可以更好地帮助高校专利申请前评估人员减少检索过程中人工翻译的时间，辅助初步筛选判断技术的可专利性，了解相关专利技术领域在海外国家的布局情况，提升高校海外专利申请及布局的效率。

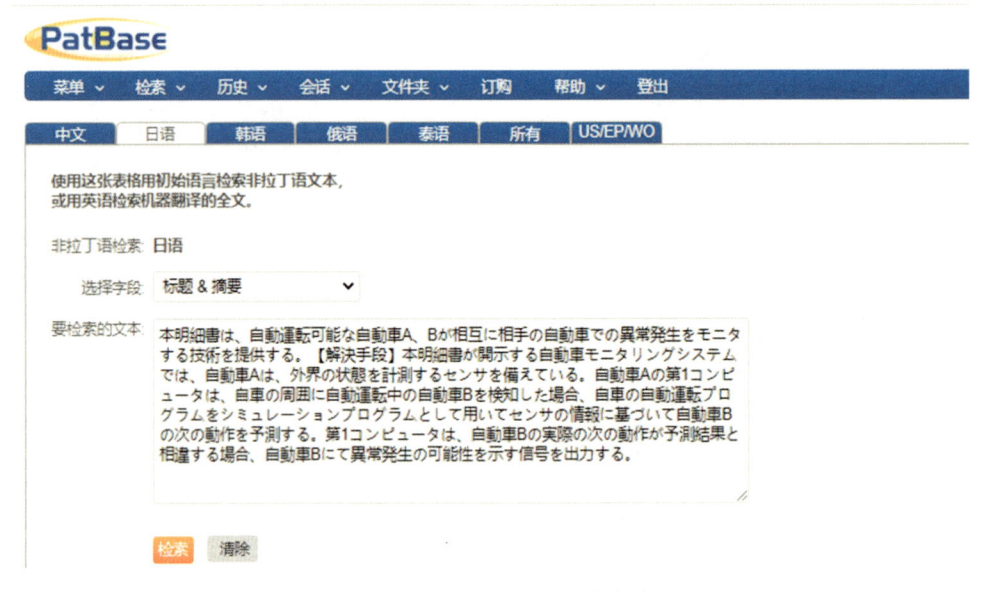

附图-8 PateBase 非拉丁语检索首页

（五）基于智能文本识别及对比的新颖性评估工具

专利申请前评估工作对专利检索技能的要求较高。利用基于智能文本识别及对比的新颖性评估工具，可通过直接输入技术方案的文本信息查找相关专利和非专利文献，省去了传统专利查新过程中的关键词扩充、分类号查找、申请人查找、检索式编写等专利检索步骤，降低了对评估人员专利检索技能的要求，减少了现有技术的调研时间，有效帮助评估人员更方便快捷地掌握拟申请专利相关技术领域的发展现状，并结合相关文献与技术方案的相似对比结果，判断技术方案的新颖性。

以 Xlpat 为例，其与普通语义检索工具的差异体现在人机交互程度、结果直观程度和覆盖范围等方面。

人机交互程度：提供人机交互检索，支持人工干预系统检索关键词、检索领域等，进一步提高检索精准度。

结果直观程度：给出技术方案与相关文献的相似度评分，并按照相似度的高低进行智能排序，一方面提供了新颖性评估的参考依据，另一方面帮助评估人员更快地找到相关文献。支持导出自动化新颖性报告，可直观且全面地查看新颖性对比结果。

结果覆盖范围：检索结果覆盖专利和非专利数据。

利用 Xlpat 输入技术领域"治疗血管瘤"以及技术方案"采用 β-阻滞剂治疗毛细血管瘤或者毛细血管婴儿血管瘤，β-阻滞剂可以是萘心安或者萘心安药物盐"（附图-9），通过人工干预系统检索关键技术特征、技术领域以及关键词（附图-10），得到相关专利文献 125 篇（附图-11）、非专利文献 72 篇（附图-12）

附图-9　Xlpat 检索首页

附图-10　Xlpat 检索流程

及相似度评分。通过导出的自动化新颖性报告（附图-13），查看技术方案与相关文献的技术相似度对比结果，找到多篇技术高相关的文献，并以此作为参考依据，判断此技术方案是否具备新颖性。

附图-11　Xlpat 检索结果专利文献列表示例

附图-12　Xlpat 检索结果非专利文献列表示例

xlpat

关键特征分析

基于本发明的细节和客户提供的信息准备广泛的关键特征。基于与本发明的关键特征重叠的一个或多个特征来完成对参考文献的分析，以形成相关的现有技术。

引文号	KF1	KF2
HU-E034581-T2	63.33%	95%
WO-2020242962-A1	95%	54.29%
US-9173858-B2	63.33%	81.43%
US-20170360829-A1	63.33%	81.43%
US-8987262-B2	63.33%	81.43%
JP-2013530241-A	63.33%	81.43%
US-20120058056-A1	63.33%	67.86%
US-9737514-B2	63.33%	67.86%
CN-1926104-A	63.33%	67.86%
JP-2007500253-A	63.33%	67.86%

标题	包含普萘洛尔的儿科解决方案
抽象	本发明涉及包含β-阻断剂、非糖型甜味剂并且基本上不含芳香族防腐剂的非醇水溶液。本发明的溶液特别适用于儿科使用。

S.No	关键特征	确定的专利号：HUE034581T2
IN 1	β受体阻滞剂治疗血管瘤	相似度得分 - 63.33% [0001] 本发明涉及药物溶液，更具体地涉及包含普萘洛尔或其药学上可接受的盐的儿科溶液，特别是包含非糖型甜味剂和小于0.01w/V%的任何防腐剂的无乙醇的普萘洛尔水溶液药剂，用作治疗血管瘤的药物。
IN 2	用普萘洛尔或普萘洛尔盐治疗毛细血管瘤或毛细血管婴儿毛细血管瘤	相似度得分 - 95% 1.一种不含乙醇的儿科水溶液，包含普萘洛尔或其药学上可接受的盐、非糖型甜味剂和小于0.01w/V%的除普萘洛尔本身之外的任何防腐剂，用作治疗以下疾病的药物血管瘤。 2.根据权利要求1的溶液，用作治疗毛细血管瘤的药物。 3.根据权利要求1的溶液，用作治疗婴儿毛细血管瘤的药物。4.根据权利要求1至3任一项的溶液，其中普萘洛尔或其药学上可接受的盐以0.01至5%w/V，例如0.01至1%w/V的量存在。5.根据权利要求1至4中任一项的溶液，进一步包含至少一种调味剂和/或至少一种增粘剂。6.根据权利要求5所述的溶液，其中所述至少一种调味剂选自樱桃、柠檬、酸橙、柑橘、橙子、橘子、薄荷、草莓、香蕉、焦糖、甘草、百香果、桃、覆盆子、tutti-frutti、葡萄柚、香草、奶油、巧克力、葡萄香料或其混合物，例如选自香草和草莓香料，并且以0至5%

附图-13　Xlpat 自动化新颖性报告

（六）基于评估模型的专利价值及市场前景评估工具

基于评估模型的专利价值评估工具是基于大数据理念，以事实数据为基础，全面考虑专利的法律、技术、市场等多方面价值，构建综合性评价指标，并对各种指标赋予权重，能够对高价值专利进行精准识别与认定的自动评估系统。高校专利评估人员以系统的专利价值评估结果为依据，可提高对拟申请专利价值进行评估的效率。目前市场上具有代表性的专利价值评估工具有壹专利、IPscore、ISPatent 以及 Patsnap。

（1）壹专利采用复合指标算法模型，从专利质量、技术性、经济性、发展前景四个维度构建一个客观的、由可量化指标组成的专利价值指标体系。附图-14、附图-15 展示了高效节能环保产业专利价值度分布情况和高效节能环保产业专利价值度列表，专利价值度可帮助用户从海量的专利数据中快速有效地筛选出核心专利，优先阅读和分析核心专利，有效提高专利价值评估工作的效率和质量。

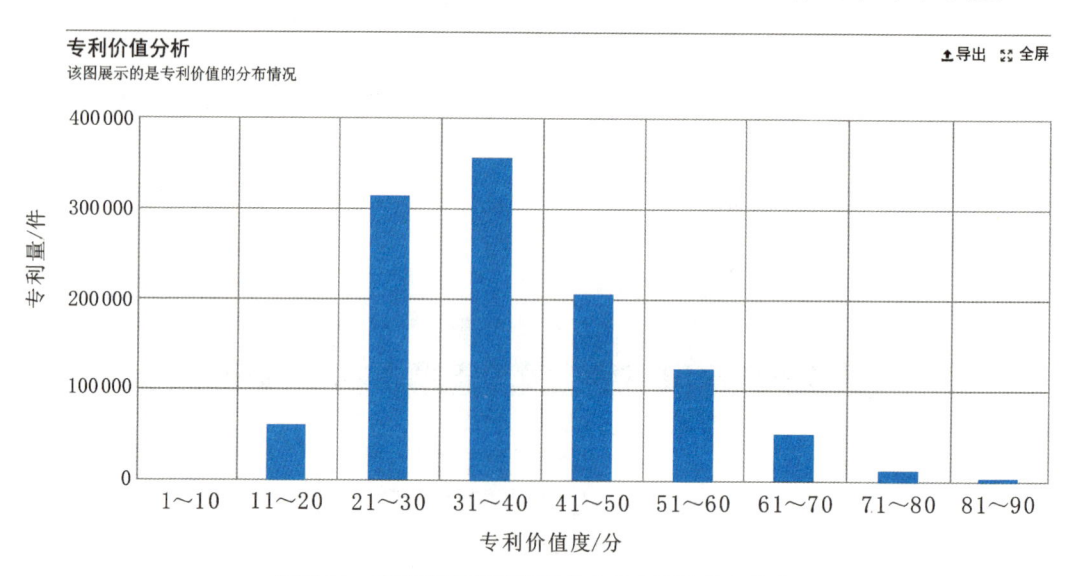

附图-14　壹专利高效节能环保产业专利价值度分布

公开号	专利标题	申请号	公开日	申请人	申请人（机构树）	战略性新兴产业	专利价值度
US20200370673A1	ELECTROMAGNETIC VALVE	US201816635488A	2020.11.26	EAGLE INDUSTRY CO LTD	EAGLE INDUSTRY CO LTD	7.1	40
US10760387B2	Cooling systems and methods for downhole solid state pumps	US201815965492A	2020.09.01	EXXONMOBIL UPSTREAM RESEARCH COMPANY	EXXONMOBIL UPSTREAM RESEARCH COMPANY	7.1,2.5,2.1	70
US2241090A	Pumping unit	US24917739A	1941.05.06	HENRY JAMES R ; DOWNING ROY P	HENRY JAMES R,DOWNING ROY P	7.1	29
US3173607A	Air pump	US18667462A	1965.03.16	PRINGLE GEORGE O	PRINGLE GEORGE O	7.1	40
US1862873A	Compound valve motion for steam pumping engines	US54914731A	1932.06.14	VOLZ GOTTLIEB W	VOLZ GOTTLIEB W	7.1	34
US2474009A	Oil filter and pump combination	US3064948A	1949.06.21	FILTORS INC	FILTORS INC	7.1	38
US1418616A	Variable-stroke hydraulic pump	US44402621A	1922.06.06	LEON BOISSET CHARLES	LEON BOISSET CHARLES	7.1	37
US20210054843A1	DRY VACUUM PUMP	US201916964813A	2021.02.25	PFEIFFER VACUUM	PFEIFFER VACUUM	7.1	38
US4410304A	Free piston pump	US33238981A	1983.10.18	HR TEXTRON INC	HR TEXTRON INC	7.1	53
US10006341B2	Compressor assembly having a diffuser ring with tabs	US201514642323A	2018.06.26	CATERPILLAR INC	卡特彼勒(中国)投资有限公司	5.2,7.1	78
US1574518A	Pump-plunger rotor	US70043424A	1926.02.23	SARGENT ENGINEERING CORP	SARGENT ENGINEERING CORP	7.1	33
US3091384A	Blower wheel blade construction and method of assembly	US1568860A	1963.05.28	TORRINGTON MFG CO	TORRINGTON MFG CO	7.1	40

附图-15　壹专利高效节能环保产业专利价值度列表

（2）IPscore 是基于 Access 数据库的小型单机软件，使用简便，能够免费下载。系统对被评估专利的净现值进行定性和定量评估，可预测专利技术在可预见年度的累计成本及收益，并以曲线图的波动变化展示。如附图-16 所示，系统预测一项专利技术未来 1~2 年内属于成本投入期，3~6 年内能获得市场收益。

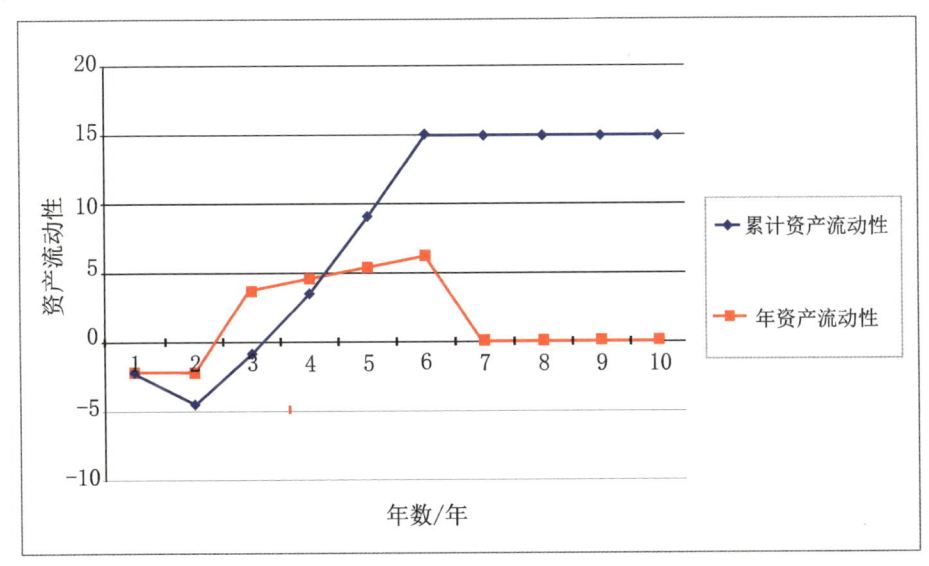

附图-16　IPscore 流动性图

（3）ISPatent 从技术、权利和市场三方面综合考虑建立评价模型，检索结果以直观的星级评价的方式显示。如附图-17 所示，技术评价星级越高，表示技术难度和复杂度越高，专利技术创造性较强；权利评价星级越高，表示专利稳定性越好，专利保护难度不高，保护风险较低；市场技术评价星级越高，表示市场潜力越大。

（4）Patsnap 在传统的市场法基础上融入指标法，基于回归分析构建模型，可评估专利具体的货币价值，有助于了解领域内专利价值的分布情况。附图-18 展示了生物领域 PD-L 抗体技术专利价值主要分布在 30000 美元以下，以及按货币价值高低排列的专利列表，有助于对专利价值进行具象化评估。

（七）基于数据深加工处理技术的专利价值评估工具

专利技术市场价值的实现，最终要回归到市场、行业、产业中去验证。在当前，创新要素聚集的战略性新兴产业是未来引领经济社会发展的重要力量。专利技术是核心的创新要素之一，基于数据深加工处理技术将专利数据与产业

附图-17 ISPatent 专利评价页面

分类数据联通，打破数据信息孤岛，有助于专利技术市场价值的实现及重点领域、战略性新兴产业高质量发展。

以壹专利为例，其基于《国际专利分类与国民经济行业分类参照关系表（2018）》《战略性新兴产业分类与国际专利分类参照关系表（2021）（试行）》，对专利数据进行深加工处理，可通过专利技术所属行业、产业分类情况进行市场价值预判。具体如附图-19、附图-20所示。

专利技术的市场价值不仅体现在质押、许可等专利运营中，也体现在专利侵权诉讼和专利无效程序中，可以说专利诉讼是市场竞争的延伸。目前专利诉讼详细数据分布在中国裁判文书网、各省市人民法院及知识产权法院网站中，造成了专利诉讼数据采集和分析的困难。

以 Patsnap 为例，其通过对开源专利诉讼数据进行采集和深加工处理，集合专利诉讼数据，为技术市场价值评估提供了有力支撑。利用 Patsnap 查询汽车领域专利诉讼情况，可获取汽车领域发生诉讼的专利列表及案件名称、诉讼双方、裁判日期等基本信息（附图-21）。系统还对原告和被告涉案专利进行了

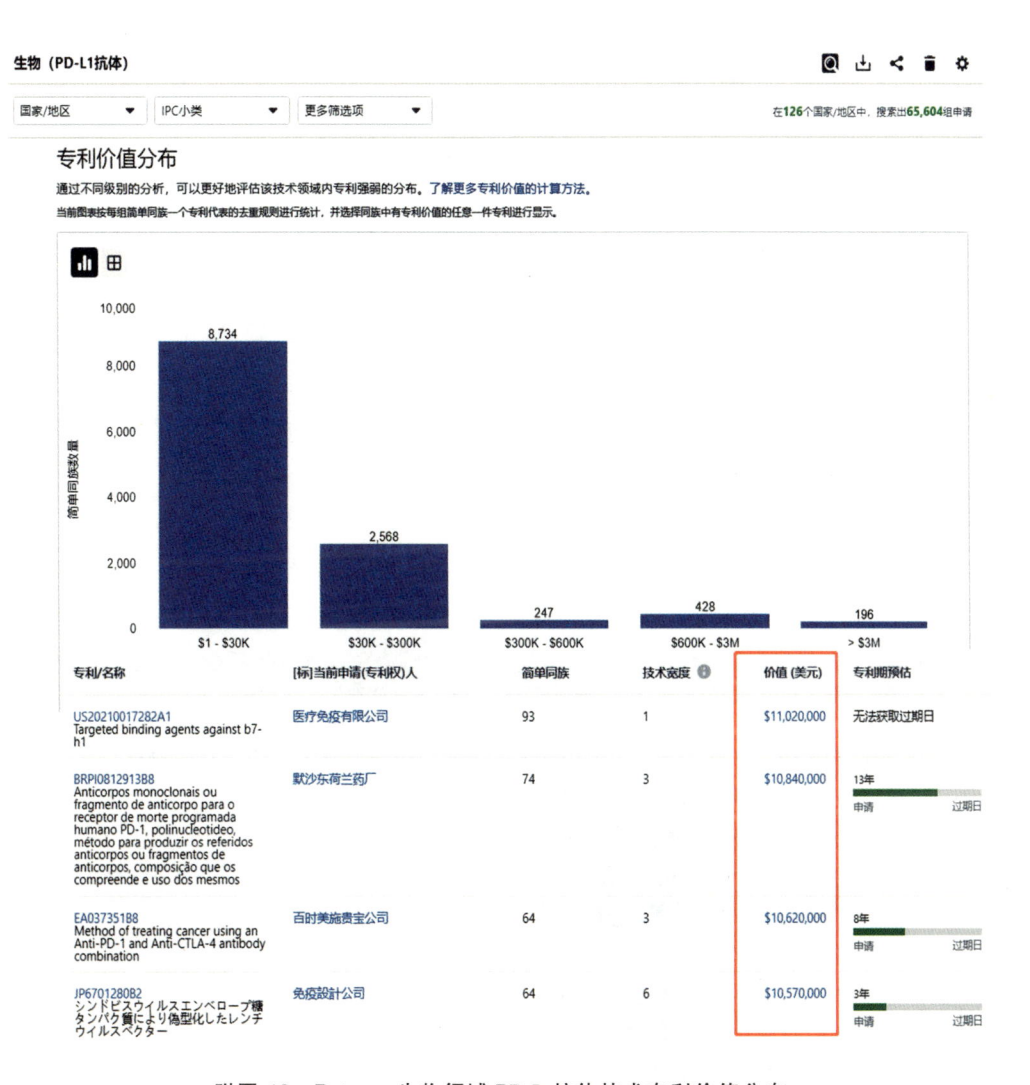

附图-18　Patsnap 生物领域 PD-L 抗体技术专利价值分布

分类统计，帮助发现潜在的竞争对手。

（八）基于文本聚类技术的市场需求度评估工具

领域内专利转让、许可情况是市场需求度的重要评估依据，以传统字段能检索到领域内转让、许可专利清单，通过利用文本聚类功能对数量庞大、语义复杂的专利文本数据进行特征提取，并以可视化图表形式展现，可帮助高校专利申请前评估人员了解相关领域转让、许可专利的技术分布、专利权人情况，为市场需求度评估提供参考依据，此外还可以发现潜在产学研合作机会、交易对象。

附图-19 壹专利战略性新兴产业分类检索页面展示

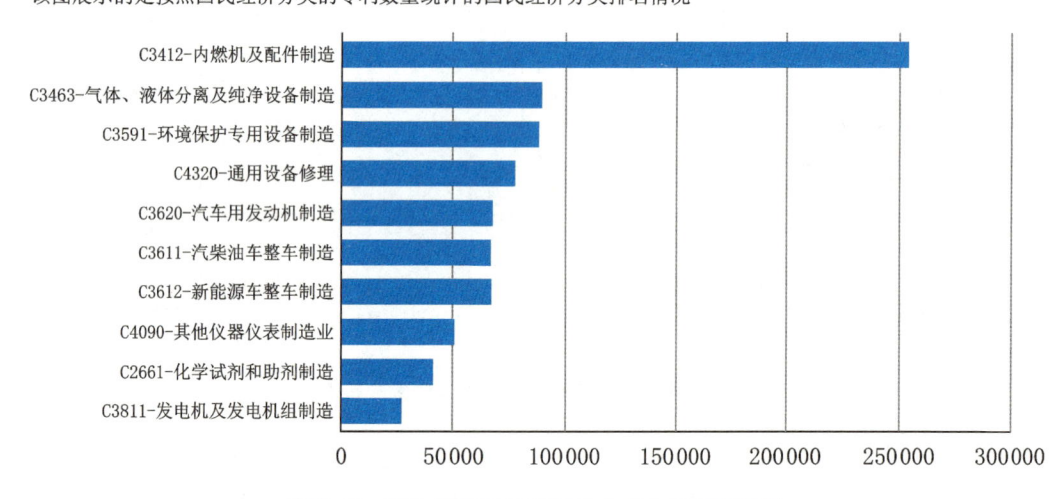

附图-20 壹专利国民经济行业分类分析页面展示

以 Patsnap 为例，利用其检索耳机技术领域专利转让情况，文本聚类结果如附图-22 所示，可以看到耳机技术领域发生转让的专利主要分布在 14 个技术细分领域，通过勾选当前专利权人 OPPO 广东移动通信有限公司，可了解该专利权人需求的技术（图中以柱状图显示）。

附图-21　Patsnap 专利诉讼结果展示

附图-22　Patsnap 发生转让的专利技术分布

后　　记

　　21世纪，中国要成为现代化的强国，实现伟大的中国梦，就必须走创新发展的道路。努力成为知识产权强国，是创新发展的重要内容。高校开展专利申请前评估工作，是贯彻落实习近平总书记关于科技创新、新时代建设知识产权强国系列论述的重要举措，凸显了知识产权作为国家发展战略性资源和国际竞争力核心要素的作用。

　　本书根据《教育部　国家知识产权局　科技部关于提升高等学校专利质量促进转化运用的若干意见》（教科技〔2020〕1号）和《国务院办公厅关于完善科技成果评价机制的指导意见》等文件精神，围绕高校专利申请前评估工作为什么做、做什么、怎么做三个方面，对当前国内外高校开展专利申请前评估工作的研究与实践进行了全面的分析总结，归纳了好的经验，找出了问题与不足。在此基础上，重点探讨了我国高校专利申请前评估的内涵、评估工作机制的建立、评估体系的建设、评估方法和评估工作流程等内容，通过案例诠释了评估工作各阶段的实践意义，并就高校专利申请前评估工作的实施推广提出了建议。

　　在高校专利申请前评估的内涵定义上，本研究认为，高校专利申请前评估的主线是把提高科研水平和提高专利质量统一起来，通过提高科研水平来促进专利质量的提升，同时通过提升专利质量加强专利的转化运营，从而推动高校的科研成果转化为社会生产力，发挥好知识产权激励创新的基本保障作用。因此，本研究根据《教育部　国家知识产权局　科技部关于提升高等学校专利质量　促进转化运用的若干意见》和国家知识产权局印发的《关于新形势下加快建设知识产权信息公共服务体系的若干意见》的精神，以及课题组成员的具体工作实践，把专利申请前评估的宏观目标和具体实施相结合，提出了服务科研全流程的广义评估概念和以发明披露表为标的物的技术价值、市场价值和法律价值评估的狭义评估概念。

在高校专利申请前评估的机制建设中，本研究明确了评估的目标和对象，对评估主体进行了全新的审视，提出了相应的保障机制，并对评估人才队伍建设和专利分级进行了探讨。在目标上，提出了高校专利申请前评估应该重视专利授权，但是不以可能导致劣质专利出现的专利授权率为评估工作的唯一指标，而是重视授权与质量相结合，通过评估形成高价值专利组合，整体提升专利实施率。在评估对象上，提出评估对象应根据知识产权的权属而有所不同，强调以国家政府出资的职务发明为硬指标，其他科技成果申请专利遵守自愿协商的原则。在评估主体上，根据高校科研项目的类别或经费来源的不同，可以由不同的主体承担评估工作，对于一般意义上的高校职务发明来说，其专利申请前评估工作可以由高校知识产权管理机构、科研团队（发明人）及评估服务机构共同承担。在保障机制方面，提出国家和地方以及学校都应该出台相应的政策，来规范高校专利申请前评估工作的开展。在队伍建设上，提出了不同的人才培养模式。此外，本研究认为专利申请前后都开展分类分级工作十分重要，通过分类分级，可以进行评估对象的分流并选择不同的评估模型，从而提高评估工作的精准度和效率，减轻高校相关工作的压力和负担。总体来说，通过机制的建立和完善，使高校专利申请前评估工作更能够被高校接受、更容易推广实施。

在高校专利申请前评估的体系建设中，本研究提出了高校专利申请前评估的系列原则和具体评估内容，构建了评估指标体系，并推荐了常用的各类评估工具。在评估内容上，沿用了专利价值评估通用的三个维度（技术价值、市场价值及法律价值），但是对具体内容进行了较大的补充完善，提出了专利布局评估。在评估指标上，归纳总结了当前诸多评估指标，根据高校专利申请前评估的内容，参考国内外高校专利申请前评估指标及专利价值指标体系，提出了适用于高校专利申请前评估的系列指标，并构建了评估指标运用的简易模型与公式，各高校可根据实际情况配置适用于本校的评估指标体系并参考模型实施。在评估工具中，总结推荐了常用工具并在附录中通过实例对这些工具进行了较为详细的介绍。希望以上这些研究对当前各高校开展相关工作有所助益。

在高校专利申请前评估方法的研究基础上，本研究根据评估体系的基本内容，结合项目组成员的实践经验，构建了一套高校专利申请前评估工作的流程。该流程揭示了各评估主体的内在联系、评估工作的开展程序及评估具体环节的工作内容。此外，还提供了发明披露表、专利申请前评估委托书、专利申请前评估报告等系列模板，为高校开展相关工作提供借鉴。

在高校专利申请前评估实践研究方面，本研究提供了部分较为成熟的实操案例，这些案例都是项目组成员亲身实践的成果，涉及评估全流程验证、高价值专利培育、高质量专利申请文本等内容，便于大家直观地了解高校专利申请前评估的方法与技巧。

在高校专利申请前评估工作推广方面，本研究认为高校专利申请前评估的业务工作应该以高校知识产权信息服务机构为主，并主张对从事此项工作的机构进行资质认证和评级分类管理。这不仅是因为高校知识产权信息服务机构是学校的职能部门，有采集与传播利用高校内部信息的职责，更是基于高校专利申请前评估可能涉及国家信息安全的考虑，所以必须加以规范管理。

总体来说，本研究在高校专利申请前评估工作的诸多方面提出了新的思路，所得成果兼具理论价值和现实指导意义。特别是项目组成员来自全国多个地区，涵盖了高校知识产权信息服务部门、科研部门、政府专利审查机构、社会专利代理机构和专利信息服务机构，兼顾了各类人群的利益，有较强的针对性和实用性。研究过程中，采用了实地调研、文献调研、问卷调查、科研人员走访座谈、实际案例验证及集体讨论等多种研究方法，使得项目研究有较强的客观依据和科学性。

当然，本书仍存在一些不足。由于时间紧迫，项目组还有很多设想没有实现，如旨在规范发展的"课题相关名词解释""各种评估指标模型""高校专利申请前评估经典案例"等文本未来得及编撰，各类评估指标权重如何精准设定还有待进一步研究与实践，举办若干期高校专利申请前评估业务培训班等工作也暂未开展。虽未能尽美，幸来日方长，项目组预备在今后的具体实践中继续实施、求得突破！